Was soll ich bloß posten?

150+ kreative **Content-Ideen** für Ihr **Social Media-** und **Onlinemarketing**

Perfekt
für Unternehmer, Berater und Coaches

1. Auflage 08/2020

Umschlaggestaltung: Monika Stern, sternloscreative e.U.
Coverfoto: Shutterstock
Layout: Monika Stern, sternloscreative e.U.
Illustration: VoV media
Lektorat/Korrektorat: VoV media
Bildrecht: Roman Kmenta, Shutterstock, Freepik

Verlag: VoV media – www.voice-of-value.com

ISBN: Printausgabe 978-3-903845-14-5

Vorwort

Dieses Buch hat eine längere Entstehungsgeschichte. Als jemand, der Content-Marketing als Strategie betreibt und eifriger Nutzer sozialer Medien ist, habe ich relativ rasch gemerkt, dass es gar nicht so einfach ist, immer neue, interessante und abwechslungsreiche Inhalte auf diversen Online-Kanälen zu bringen. Daher habe ich mich hingesetzt und – zuerst ganz für mich – eine Ideensammlung für mögliche Inhalte gemacht.

Das Ergebnis waren eine Reihe – so fand ich – durchaus sehr brauchbarer und gut einsetzbarer Ideen für Posts und Beiträge, um auf Social Media und anderen digitalen Kanälen Sinnvolles bieten zu können. Der nächste Gedanke war, dass diese Ideen auch meine Kunden und Online-Kontakte interessieren könnten, die wahrscheinlich auch immer wieder vor dem gleichen Problem stehen wie ich und sich die Frage stellen: Was soll ich bloß posten?

So entstand ein E-Book mit dem Titel „Was soll ich bloß posten?", das ich kostenlos verteilte (um genau zu sein, als nutzenbringendes Tauschobjekt gegen ihre E-Mail-Adresse für meinen Newsletterverteiler). Das muss so 2015/2016 gewesen sein. Um das E-Book zu promoten, habe ich es natürlich auch in sozialen Medien, unter anderem häufig auf Facebook, verteilt.

Daraus ergaben sich sehr unterhaltsame Effekte. Viele der Leserinnen und Leser dieses Posts verstanden das Problem nicht und reagierten verstört. Manche sogar aggressiv. Ganz nach dem Motto: „Wenn du nicht weißt, was du posten sollst, warum hältst du dann nicht einfach mal die Klappe." Die Ausdrücke in den Kommentaren konnten teilweise durchaus als derb (gelinde gesagt) bezeichnet werden. In dem Bild anbei habe ich eher ein paar der normaleren gewählt.

Natürlich verstand ich die Ursache dafür. Für jemanden, der Facebook nur privat nutzt, ist die Option, einfach nichts zu posten, wenn man nichts zu sagen hat, definitiv eine sehr gute und empfehlenswerte. Für Personen und Unternehmen, die diese Kanäle professionell im Rahmen ihrer Content-Marketing-Strategie nutzen, ist es keine wirkliche Alternative, nichts zu posten.

Viele der Kommentierenden verstanden den Titel aus privater Sicht, was die vielen emotionalen Kommentare erklärt. Was ich aber dennoch erstaunlich fand, war die starke Emotionalität, die dieser Post auslöste, und die Vielzahl an Kommentaren. Offenbar, so meine Schlussfolgerung, hatte ich da einen Punkt getroffen, der das digitale Netzwerk bewegte. Einen Kommentar schreibt man nur, wenn etwas Bedeutung hat. Es war also ein Thema mit Bedeutung.

Gleichzeitig fand ich es amüsant, dass all die negativen Kommentare genau das Gegenteil von dem bewirkten, was die Kommentierenden erreichen wollten. Statt dem Post zu schaden, nutzten sie ihm. Sie machten ihn interessanter und erhöhten seine Reichweite.

Nebenbei kommuniziert so ein Kommentar dem Facebook-Algorithmus, dass einen die Sache

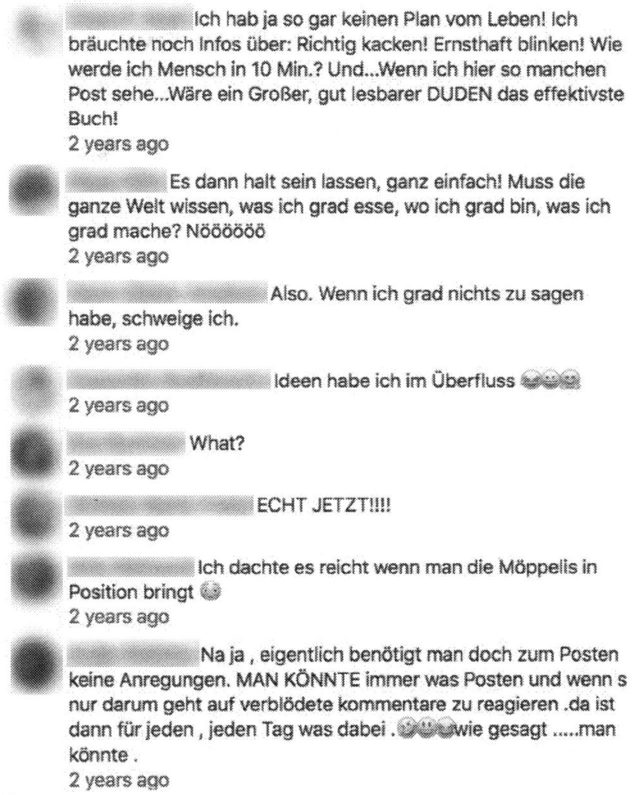

interessiert und man in Zukunft bitte noch mehr von demselben Autor gezeigt bekommen möchte.

Das Beispiel illustriert auch sehr gut, welche interessanten und unerwarteten Dynamiken sich in digitalen Kanälen ergeben können. Auch ein Post, der sehr viel Kritik erntet, kann letztlich ein sehr guter, gelungener Post sein. Nicht umsonst heißt es im Showbusiness „Besser es wird schlecht über einen geredet als gar nicht."

Und ein Thema, das es schafft, viele Menschen auf die eine oder andere Art zu bewegen, ist ein Buch wert – das Buch, das Sie in Ihren Händen halten.

AIDA – ein Klassiker mit mehr Gültigkeit denn je

Trotz aller Digitalisierung ist die klassische AIDA-Formel der Werbewirkung immer noch gültig oder sogar gültiger denn je. Attention – Interest – Desire – Action.

Das bedeutet, die Aktion eines Kunden – ein Kauf, ein Klick, ein Anruf oder was immer er tun soll – braucht ganz zu Beginn dieses Prozesses erst einmal Aufmerksamkeit (Attention).
Aufmerksamkeit ist so in der Wirtschaft eines der wertvollsten Güter geworden. Ohne Aufmerksamkeit kein Geschäft.

Durch die stark voranschreitende Digitalisierung in allen Bereichen des Lebens geht es auch bei der Aufmerksamkeit immer öfter darum, online, in digitaler Form, wahrgenommen zu werden. Es geht darum, online präsent zu sein und Reichweite aufzubauen. Es geht darum, von potenziellen Kunden und Interessenten, von Medien, von zukünftigen Mitarbeitern, von Lieferanten, von der relevanten Öffentlichkeit ganz allgemein gesehen zu werden.

Um online präsent zu sein, braucht es Inhalte (Content) – Texte, Bilder, Videos. Am besten mehrmals pro Tag auf verschiedensten Kanälen. Die Zeiten, in denen es gereicht hat, einmal pro Woche einen Post auf Facebook zu stellen, sind lange vorbei.

Und natürlich nicht immer dasselbe.
Abwechslungsreich sollte es dann auch noch sein. Da kann es schon einmal passieren, dass einem die Ideen für neuen Content für Blogs, Beiträge und Posts aller Arten ausgehen.

Damit Ihnen genau das nie mehr passiert, habe ich dieses Buch geschrieben. Es versteht sich als eine kompakte und umfangreiche Sammlung von Content-Ideen für Ihre Online-Auftritte – für Social-Media-Seiten und -Profile, Ihre Website, einen Blog oder auch Online-Plattformen aller Art, auf denen Sie Beiträge hinterlassen können.

Die Ideen sind so gehalten, dass sie für die unterschiedlichsten Branchen und Themenbereiche einsetzbar sind. Nicht alles für alle Bereiche. Sie suchen aus, was zu Ihnen, Ihren Produkten und Leistungen, Ihrer Branche und Ihren Kunden passt. Die Beispiele, auf die ich im Buch verweise, habe ich daher bewusst bunt gemischt. Es stand dabei aber nicht die Branche im Vordergrund, sondern die Idee bzw. deren Umsetzung.

Sie werden in diesem Bauch ausreichend sehr gut einsetzbares Material für Ihren Online-Auftritt finden, das Sie nur noch auf Ihr Business anpassen müssen. Soviel kann ich Ihnen an dieser Stelle bereits versprechen.

Dieses Buch nimmt Ihnen somit einen guten Teil der kreativen Arbeit ab, wobei Sie, wenn Sie das wollen, immer noch Ihrer eigenen Kreativität freien Lauf lassen können und auch sollten. Ich bin sicher, dass auf Basis der Ideen in diesem Buch bei Ihnen ganz neue Content-Ideen entstehen werden.

Sie können alle Ideen und Strategien in diesem Buch von Anfang bis Ende durchlesen und sich jene Ideen markieren, die Ihnen gefallen und sehr gut zu Ihrem Business passen. Der Ideenteil des Buches (Teil 2) ist allerdings in thematisch stimmige Kapitel gegliedert – Humor,

Wissenswertes, Mitarbeiter etc. – sodass Sie alternativ auch ganz gezielt nur jene Ideen lesen oder nachschlagen können, die Sie im Moment interessieren.

Der Rest ist Planung, Struktur und Umsetzung. Auch dazu werde ich das Wichtigste sagen, wobei das nicht Thema des Buches ist.

Eine Idee noch, die ich Ihnen an dieser Stelle nahebringen möchte: Speziell dann, wenn Sie bisher noch nicht sehr aktiv dabei waren, Ihre Online-Kanäle mit Beiträgen und Posts zu füllen, werden Ihnen die Ideen in diesem Buch sehr viel vorkommen. Vielleicht sind Sie sogar beinahe überwältigt von der Menge und stellen sich die Frage, wie Sie das denn neben Ihrer eigentlichen Arbeit schaffen sollen.

Mit dieser, aus meiner Sicht nicht mehr zeitgemäßen Sichtweise, bin ich in meiner Beratungs- und Vortragspraxis immer wieder konfrontiert. Das, wovon wir in diesem Buch sprechen, ist nichts, das zusätzlich zu Ihrer Arbeit Platz finden muss, es ist Teil Ihrer Arbeit. Mit fortschreitender Digitalisierung ein Teil Ihrer Arbeit, der sogar immer bedeutender wird.

„Alle Unternehmen sind heutzutage Medienunternehmen" hat Gary Vaynerchuck, einer der erfolgreichsten und bekanntesten US-amerikanischen Online- und Social-Media Marketing-Experten in den letzten Jahren immer wieder betont. Ich kann dem zu 100 % zustimmen. Wenn Sie sich mit dem Gedanken anfreunden, ein Medienunternehmen zu be-treiben, wird es Ihnen sehr viel leichter fallen, die Ideen und Strategien in diesem Buch erfolgreich und konsequent umzusetzen.

Ich wünsche Ihnen viel Spaß

beim Lesen und viele,

kreative Content-Ideen

für Ihr Business.

Ihr

Roman Kmenta

Teil 1
Content-Strategie und Content-Planung

Wie im Vorwort angekündigt, werde ich zuerst ein paar Worte über Themen wie Content-Strategie und -Planung verlieren. Das geschieht, um zu betonen, wie wichtig diese Dinge sind. Ihre Ideen verlieren sich im digitalen Universum, wenn sie nicht auf einem festen Fundament – Ihrem Content-Plan – aufsetzen.

Ohne Content-Plan ist die Gefahr, dass die Posts, die anfangs so eifrig gemacht werden, recht schnell weniger werden und bald ganz verebben und aufhören. Das ist das, was ich immer wieder beobachte. Daher ist es wichtig, sich mit den Themen intensiv zu beschäftigen, bevor Sie Ihre Online-Präsenz ausbauen bzw. überhaupt starten wollen.

Ihre Content-Strategie und -Planung sollten unter anderem folgende Fragen beantworten:

- Was ist das Ziel meiner Online-Aktivitäten?
- Für wen poste ich? Wer ist meine Zielgruppe?
- Auf welchen Kanälen will ich präsent sein und auf welchen nicht?
- In welcher medialen Form will ich präsent sein?
- Mit welcher Art von Inhalten will ich wahrgenommen werden?
- Welche Ressourcen habe ich für Content-Erstellung und Content-Verbreitung?
- Wie oft und wann poste ich meine Inhalte wo – der Redaktionsplan?

Wenn Sie diese Fragen für sich beantwortet haben, können Sie sich daran machen, Content zu produzieren und online zu verteilen. Nicht vorher. Wie beim Bauen eines Hauses kommt auch hier das Fundament vor dem Dach.

Bei vielen Unternehmern und Unternehmen entsteht bei Betrachtung ihrer Online-Aktivitäten der Eindruck, dass es umgekehrt gemacht wird. Zuerst wird gepostet und erst später (manchmal auch niemals) wird überlegt: Für wen und warum das Ganze überhaupt. Entsprechend wirr und ziellos wirken deren Aktivitäten. Darüber hinaus bringen sie auch wenig bis nichts.

Die volle Wirkung Ihrer Aktivitäten entsteht erst und nur dadurch, dass Sie diese mit Ziel und Plan umsetzen.

Empfehlenswerte Bücher zum Thema Content-Strategie und Content-Planung finden Sie im Ressourcenbereich zu diesem Buch unter www.romankmenta.com/contentideen-buch/. Besonders empfehlenswert ist das Buch „Think Content!“ (https://amzn.to/2NPLyKm) von Miriam Löffler und Irene Michl.

Doch auch hier finden Sie im Folgenden das Wichtigste zu den genannten Punkten in kurzer Form zusammengefasst. Sollten Sie alle diese Fragen für Ihr Business bereits beantwortet haben, können Sie einzelne dieser Punkte überspringen.

Wenn nicht, dann sollten Sie die Zeit unbedingt investieren und diesen Teil ebenso lesen. Mir ist bewusst, dass der kreative Teil für viele

Leser der spannendere ist (auch für mich) und Sie das Buch auch deshalb gekauft haben, aber ich verspreche Ihnen, dass es sich für Sie definitiv bezahlt macht, sich vorab mit den oben angeführten Fragen zu beschäftigen.

Wenn Sie einen Teil oder die komplette Content-Erstellung auslagern – an eine Agentur oder einen Mitarbeiter – müssen Sie die Antworten auf die oben erwähnten Fragen ohnehin sogar schriftlich zusammenfassen, um der Agentur ein Briefing zu geben bzw. dem Mitarbeiter einen Rahmen, in dem er sich bewegen kann (was ist erlaubt und gewünscht, was nicht).

Was ist das Ziel meiner Online-Aktivitäten?

Wie bei jedem nennenswerten geschäftlichen Projekt sollte auch beim Online-Auftritt die Frage nach den Zielen am Anfang stehen. Was wollen Sie mit Ihren Posts, Blogs, Videos etc. erreichen? Folgende (grobe) Ziele könnten Sie z. B. damit verfolgen:

- Erhöhung der Bekanntheit in der relevanten Zielgruppe
- Aufbau und Verstärkung eines Expertenstatus
- Etablierung eines bestimmten Images, eines Bildes, das Sie bei der Zielgruppe verkörpern möchten
- Generierung von Kontakten (Leads) für Ihren Newsletter
- Direkte Verkäufe
- Mehr Traffic (Besucher) auf Ihrer Webseite

Je nachdem, welche Art von Business Sie betreiben, kann es natürlich auch noch weitere Ziele geben, die für Sie relevant sind. Die genaue Zieldefinition ist deshalb so wichtig, weil die Antworten auf viele der anderen vorhin gestellten Fragen vom Ziel, das Sie verfolgen, abhängen.

Wenn Sie etwa viel Traffic auf Ihre Website lenken wollen, dann eignet sich Instagram als Kanal nicht, da es keine direkte Verlinkung von einem Post zu Ihrer Website zulässt. Wenn Ihre Zielgruppe Menschen 65+ sind, dann können Sie auf Snapchat getrost verzichten. Ziele stellen daher die Basis für alle anderen Entscheidungen, die Sie in diesem Zusammenhang zu treffen haben, dar.

Für wen poste ich? Wer ist meine Zielgruppe?

Die Antwort auf diese Frage ist im Grunde keine, die Sie sich erst im Zusammenhang mit Ihren Online-Auftritten stellen sollten. Vielmehr geht es um Ihre Positionierung, bei der die Zielgruppendefinition eine wesentliche Rolle spielt.

Die Zielgruppe ist aber gerade im Zusammenhang mit Ihren Online-Auftritten extrem relevant, da Sie die Medien vor allem auch in Abhängigkeit von Ihrer Zielgruppe auswählen. Aber auch auf die Art der Inhalte und deren Aufbereitung hat die Zielgruppe einen entscheidenden Einfluss.

Wenn Sie mehr zum Thema Positionierung erfahren bzw. an Ihrer Positionierung arbeiten wollen, dann finden Sie eine Menge hilfreicher Inhalte im „Großen USP Strategie Buch".

(https://amzn.to/356J2XQ – Als Amazon-Partner verdiene ich an qualifizierten Verkäufen.)

Denken Sie im Zusammenhang mit Zielgruppen und Positionierung allerdings nicht nur an potenzielle Kunden. Auch Lieferanten, die breite Öffentlichkeit und vor allem auch zukünftige Mitarbeiter sollten im Rahmen Ihrer Content-Strategie unbedingt berücksichtigt werden.

Gerade in Bezug auf etwaige Mitarbeiter sind heutzutage Online-Aktivitäten für Employer Branding und Mitarbeitersuche nicht mehr wegzudenken. Das bedeutet: Ganz egal an wen Sie Ihre Produkte und Dienstleistungen verkaufen wollen, der Wirkungskreis Ihrer Online-Aktivitäten ist wesentlich größer. Sie wirken immer und auf jeden, der Ihnen online über den digitalen Weg läuft.

Auf welchen Kanälen will ich präsent sein und auf welchen nicht?

Die Antwort auf diese Frage hängt, wie erwähnt, stark mit Ihren Zielen und Ihrer Zielgruppe zusammen. Aber auch andere Faktoren spielen dabei eine Rolle:

- Welche mediale Aufbereitung streben Sie an – Video, Audio, Text etc.? Nicht alles funktioniert auf allen Kanälen.
- Welche Ressourcen haben Sie zur Verfügung (einer der nächsten Punkte). Manche Kanäle und Medien verursachen weniger Arbeit als andere bzw. lassen sich sogar teilweise automatisieren.
- Passt das Image des Kanals zu dem Image, das Sie von sich aufbauen oder verstärken wollen?

Generell ist dabei zu empfehlen, eher weniger Kanäle zu wählen – anfangs sogar nur einen – dort aber dafür intensiver und professioneller präsent zu sein.

Eine Übersicht über die Kanäle

Folgende Kanäle gibt es, auf denen Sie online Präsenz zeigen können:

- Blogs – Ihr eigener und mit Gastbeiträgen auf fremden Blogs
- Podcastplattformen – Ihr eigener und als Interviewgast in fremden Podcasts
- Videoplattformen
    - o YouTube
    - o Vimeo
    - o TikTok
- Social Media (die aktuell wichtigsten)
    - o Facebook
    - o Instagram
    - o LinkedIn
    - o XING
    - o Pinterest
    - o Snapchat
- Online-Medien und -Plattformen

Jeder dieser Kanäle hat seine eigenen Regeln und Gesetzmäßigkeiten. Zu fast jedem gibt es eigene Bücher und Experten, die sich ganz auf Know-how rund um diesen Kanal spezialisiert haben. Sollten Sie sich für einen der Kanäle entscheiden, dann ist es sicher eine gute Idee, dazu noch ein Fachbuch zu lesen bzw. sich von einem Experten bezüglich des Auf- oder Ausbaus der Präsenz beraten zu lassen.

Beides – Buch- und Expertenempfehlungen – finden Sie im Ressourcenbereich zu diesem Buch unter www.romankmenta.com/bitly.

In welcher medialen Darstellungsform will ich präsent sein?

Unabhängig von unterschiedlichen Inhalten können Sie allein durch die Darstellung, die Art der Aufbereitung Ihrer Inhalte, eine Menge Abwechslung in Ihren medialen Auftritt bringen.

Sie können grundsätzlich alle Darstellungsvarianten verwenden, doch nicht alle eignen sich für jeden Content. Manche Inhalte können Sie aber auch mehrmals auf unterschiedliche Arten umsetzen. Das sollten Sie aus Gründen des effizienten Einsatzes Ihrer Zeit und anderer Ressourcen auch tun.

Folgende grundsätzlichen Darstellungsformen können Sie für Ihre Inhalte nutzen:

Text

Das kann „normal" geschriebener Text sein, oder – als Sonderform – auch Text, der in einem Grafikprogramm/Editor (bei Facebook z. B. integriert) erstellt und als Bild gespeichert wurde bzw. dargestellt wird.

Bild

Bei Bildern gibt es verschiedenste Möglichkeiten und Varianten von Darstellungsformen:

- **Fotos** (eigene oder fremde/gekaufte) – oft auch bearbeitet wie z. B. folgendermaßen:
  - farblich verändert durch den Einsatz von Filtern (wie Sie sie in Ihrer Smartphone-Kamera und in allen Grafik- und auch Präsentationsprogrammen finden)
  - zusätzlich mit Texten versehen
  - durch Grafiken verändert

- **Zeichnungen – per Hand oder computergeneriert**

  Gerade Handzeichnungen und Skizzen können in Punkto Aufmerksamkeit sehr gut geeignet sein. In einer zunehmend „optisch perfekten" medialen Welt (eine saubere Grafik zu machen ist dank Unterstützung von Grafikprogrammen deutlich einfacher geworden) fällt so etwas Ursprüngliches wie eine Handskizze viel leichter auf.

- **Infografiken**

  Infografiken sind nicht einfach nur komplexere Bilder, sondern, gut gemacht, sehr viel mehr. Sie können längere Texte in einfacher Form darstellen bzw. ergänzen.
  In Kanälen wie Pinterest sind sie sehr verbreitet, in anderen aber ebenso einsetzbar. Eine gute Infografik herzustellen, ist relativ aufwändig. Der Zeiteinsatz kann sich aber durchaus lohnen.

Hier ein gelungenes Beispiel von Lisa Keskin, Ghostwriter und Buchmacherin aus Österreich. Es zeigt auch, dass Infografiken nicht unbedingt komplex und aufwändig sein müssen, um Wirkung zu entfalten. (S. 23)

Video / Film

Beim Video gibt es zwei Versionen, die man unterscheiden kann:

- voraufgenommen und auf den Kanal hochgeladen
- als Live-Stream, wie auf einigen sozialen Medien möglich und verbreitet (Facebook, Instagram, YouTube ...)

Auch die Kombination der beiden Varianten ist nicht nur möglich, sondern im Zuge eines effizienten Ressourceneinsatzes auch sinnvoll – zuerst als Live-Stream und dann dieses Live-Video speichern und auf andere Kanäle hochladen.

https://bit.ly/3gBF4eP

GIF (Graphics Interchange Format)

Ein GIF ist eine Sonderform, eine Art Animation in der Länge von wenigen Sekunden.

Audio

Audiofiles – Live-Mitschnitte oder (im Studio) aufgezeichnet – werden meist auf Podcastplattformen (wie iTunes) eingesetzt. Hier wird die Kombination mit Video häufig genutzt. So kann ein Interview etwa als Live-Video aufgezeichnet werden. Dann wird die Tonspur separat abgespeichert und als Podcast-Episode verwendet.

Slide Show

Slideshows nehmen eine Sonderstellung in der medialen Darstellung ein und verdienen daher gesonderte Erwähnung. Es sind automatisiert ablaufende Präsentationen, die mit Sprache oder Musik hinterlegt werden können.
Die bekannteste Plattform für Slideshows ist www.slideshare.com von LinkedIn. Im passenden Format abgespeichert, sind Slideshows aber auch auf anderen Kanälen verwendbar.

E-Books

Eine ganz spezielle, digitale Darstellungsform, die immer mehr Verbreitung findet, sind E-Books. Ein E-Book zu publizieren – wenn der Inhalt einmal verfasst ist – ist nicht sonderlich schwierig oder aufwändig. Es gibt eine Reihe von Plattformen und Möglichkeiten, Ihre E-Books an das Zielpublikum zu bringen. Als einfachen PDF-Download auf Ihrer Website zum Beispiel, den Sie über Ihre Social-Media-Kanäle und Ihren Newsletter promoten.

Dabei werden E-Books oft zum Tausch gegen die E-Mail-Adresse des Kontaktes angeboten. Sie können das E-Book aber auch als Kaufprodukt über Amazon oder andere E-Book-Shops anbieten und verkaufen. Damit erhöhen Sie nicht nur Ihre Reichweite, sondern verdienen auch noch Geld.

Auch für Ihren Expertenstatus bewirkt ein professionell verfasstes E-Book mit interessanten und hilfreichen Inhalten sehr viel mehr als ein Blog oder ein kurzer Post.

Was davon passt für Sie?

Die medialen Darstellungsformen, die Sie in Ihrer Online-Präsenz am besten nutzen sollten, hängen auch wieder mit mehreren der anderen Fragen zusammen, die es grundsätzlich zu beantworten gilt.
Es geht um die Antworten auf die Fragen: Wie gut passt eine Darstellungsform zu Ihren ...

- **Inhalten**

- **Produkten oder Dienstleistungen**
  Ein Redner sollte unbedingt auch irgendwie das Medium Video verwenden, für einen Fotografen sind Fotos ein Muss.

- **Image**
  Manche medialen Formen wirken konservativer, moderner, dynamischer, ruhiger etc. als andere. Die Darstellung Ihrer Inhalte färbt natürlich auch auf Ihr Image ab.

- **Know-how, was die Produktion angeht**
  Ein Grafiker tut sich mit der Erstellung von Infografiken sehr viel leichter als jemand ohne Grafikkenntnisse.

- **Ressourcen**
  Wenn Sie schon ein Videostudio haben, sind Videos einfach umsetzbar.

- **Kunden**

- **Vorlieben**
  Man könnte auch fragen, welche Darstellungsform ist Ihnen sympathischer? Schreiben Sie gerne oder sind Sie ein fanatischer Videofilmer mit Ihrem Smartphone? All das, was Sie gerne tun, wird Ihnen leichter fallen.

Auch hier ist wieder zu bemerken, wie stark vernetzt alle diese Fragen sind.

Mit welcher Art von Inhalten will ich wahrgenommen werden?

Eine Frage, die Sie auch vorab klären sollten, ist jene, mit welcher Art von Inhalten Sie online wahrgenommen werden wollen. Auch das muss zu den gerade vorhin aufgelisteten Punkten passen. Letztlich muss Ihr Online-Auftritt ein in sich und mit Ihrer Zielgruppe stimmiges Gesamtbild ergeben.

Dabei müssen ein paar grundsätzliche Entscheidungen getroffen werden.

Persönlich oder nur Business

Wollen Sie sich online auch persönlich bzw. privat zeigen, als Mensch und – bis zu einem zu definierenden Grad – auch Einblicke in Ihr Privatleben gewähren? Wenn ja, wie weit wollen Sie dabei gehen? Und wenn Sie das tun wollen, betrifft das dann nur Sie oder auch Ihren Partner oder Ihre Familie?

Oder aber Sie sagen strikt „Nein“ zu persönlichen und privaten Einblicken, beschränken sich in Ihren Postings ausschließlich auf Ihr Business bzw. Unternehmen und klammern Persönliches komplett aus. Beides kann Sinn machen. Für beides gibt es Argumente.

Was für persönliche Einblicke spricht, ist, dass potenziellen Kunden bzw. die relevante Öffentlichkeit zu Personen leichter eine (emotionale) Verbindung aufbauen als zu Unternehmen. Sie haben auch sehr viel mehr kreative Möglichkeiten und Themen für Ihren Content, wenn Sie Persönliches nicht ausklammern.

Gleichzeitig kann ich jeden verstehen, der meint, dass sein Privatleben niemanden etwas angeht und sich ganz auf Business-Content konzentriert. Diese Frage ist eine, die vor allem Selbstständige und Kleinunternehmer klären müssen. Bei Konzernen werden persönliche Einblicke in das Privatleben der Unternehmensleitung ohnehin nicht erwartet (wenngleich das eine spannende und auffällige Strategie sein könnte).

In diesem Zusammenhang sollten Sie auch noch über folgende Fragen nachdenken:

- Wie viel Humor und welche Art wollen Sie nutzen?
- Ist Politisches in Ihrem Content erlaubt?
- Wollen Sie Bezug auf aktuelle Ereignisse und Situationen, Themen, die die Welt stark bewegen, nehmen?

Wenn Sie diese Fragen geklärt haben, fällt Ihnen die effiziente und stimmige Content-Erstellung für Ihre Posts und Beiträge sehr viel leichter.

Welche Ressourcen habe ich für Content-Erstellung und Content-Verbreitung?

Content-Produktion ist eine Frage der Ressourcen, die Ihnen zur Verfügung stehen. Die Frage der Ressourcen ist schon das eine oder andere Mal angesprochen worden.
Ein paar ausführlichere Worte dazu.

Folgende Arten von Ressourcen können bzw. müssen Sie einsetzen, um Content für Ihren Online-Auftritt zu erstellen:

- Zeit – Ihre eigene, die Ihrer Mitarbeiter oder jene eines Dienstleisters / einer Agentur
- Geld
- Dinge und Räumlichkeiten
  Das kann etwa ein bereits vorhandenes Video- oder Tonstudio sein.
- Know-how
  Auf welches Wissen oder welche Fähigkeiten können Sie bei sich selbst oder bei Ihren Mitarbeitern bereits zugreifen. Die Erstellung von Videos und Fotos, grafisches Geschick oder Können in Punkto Text?

Dinge sind normalerweise kein Engpass, weil Sie das meiste, das Sie benötigen, relativ günstig kaufen können. Ein kleines Videosetting ist in ausreichender Qualität mit einer Investition von 1.000 – 2.000 € machbar (natürlich sind nach oben keine Grenzen gesetzt). Die Technik für einen Podcast kostet Sie keine 200 €, wenn Sie bereits einen Laptop besitzen.

Die Frage der Zeit ist die heikelste. Wenn Ihre eigene Zeit knapp ist, dann sollten Sie Darstellungsformen wählen, die Ihr persönliches Tun nicht unbedingt erfordern. Einen Text schreiben kann irgendjemand aus Ihrem Team auch, aber ein Interview sollten Sie möglicherweise selbst führen.

Wenn Sie wenig Zeit, aber ausreichend Geld haben, können Sie sich durch Auslagerung vieler (aber nicht aller) Dinge im Zusammenhang mit der Content-Erstellung helfen.

Content-Recycling

Ein extrem wichtiger Punkt, auf den ich kurz gesondert eingehen möchte, ist das Thema Content-Recycling – das effiziente, mehrfache Verwenden derselben Inhalte. Geschickt und mit Plan gemacht, können Sie durch Content-Recycling Ihren Aufwand um 50, 60 oder auch 70 % reduzieren.

Lassen Sie mich diese Vorgehensweise anhand eines Beispiels demonstrieren.

1. Sie überlegen sich eine Reihe von Fragen, die Ihre Kunden Ihnen öfter stellen bzw. stellen könnten und Ihre Antworten darauf. Wenn Ihnen nichts einfällt, fragen Sie Ihre Kunden, an welchen Themen oder Fragen sie interessiert sind.
   Wenn Sie diese Fragen z. B. auf Facebook an Ihre Community richten, sind diese Posts und die Kommentare darauf bereits ein interessanter Content für sich.

2. Diese Fragen beantworten Sie dann z. B. in einem Facebook-Live-Video, das Sie vorab ankündigen, was auch schon wieder etwas ist, das Sie posten können. Nachträglich versehen Sie das Video noch mit einem Titel und z. B. einer laufenden Nummer, weil es ja Teil einer Serie ist, und posten es auf Facebook.

3. Danach laden Sie das Video herunter und laden es bei YouTube und LinkedIn (oder anderen Kanälen, wo Video möglich ist) hoch. So haben Sie mit minimalem Zusatzaufwand auch gleich Ihren YouTube-Kanal gefüllt.

4. Sie können aus dem Video auch noch kurze Sequenzen herausschneiden und diese „Videoschnipsel" auf passenden Plattformen als eigene Post verwenden und so aus einem Video etliche Posts machen.

5. Sie können das Video für wenig Geld transkribieren lassen oder auch geeignete Software dafür verwenden, wenn Sie sauber genug sprechen und die Tonqualität gut genug ist. Diese Transkription können Sie dann auf Ihrer Website als Blogbeitrag mit einem passenden Bild versehen – oder noch besser gleich das Video auf Ihrem Blog einbetten – und online stellen.

6. Von dort können Sie es dann auch auf Ihre anderen Kanäle – wie XING, Twitter etc. (wo es technisch leicht möglich ist) – verteilen.

7. Wenn Sie den Blogbeitrag noch nach SEO- (Search Engine Optimization) Kriterien optimieren, werden Sie bei Google besser gefunden und bekommen Besucher auf Ihre Website.

8. Sie können aus dem Video die Tonspur herausfiltern (Tools wie Zoom, das Sie auch für das Facebook-Live-Video verwenden können, machen das automatisch) und diese als Podcast-Folge verwenden.

9. Sobald Sie eine Anzahl dieser Folgen haben, können Sie aus diesen ein Hörbuch machen, das Sie einerseits als Freebie (Gratisprodukt) zum Tausch gegen die E-Mail-Adresse auf Ihrer Website (und natürlich auf all Ihren Kanälen promoten, was auch wieder einige Posts sind) und andererseits auch als digitales Kaufprodukt auf geeigneten Plattformen anbieten und nebenbei direkt ein wenig Geld damit verdienen.

10. Sie können das Hörbuch dann natürlich auch auf CD pressen lassen, was recht kostengünstig (< 1 €/Stück) machbar ist. Damit haben Sie ein physisches Produkt, das Sie um 10 – 20 € bei Veranstaltungen verkaufen können. Gleichzeitig eignet sich so eine CD auch sehr gut als kleines Geschenk für Kunden oder Interessenten.

11. Nachdem Menschen ja nicht nur hören, sondern auch lesen, können Sie die Sammlung der Transkriptionen auch als E-Book herausgeben.

Diese können Sie wie das Hörbuch in digitaler Form als Freebie nutzen, um Ihre Adressliste auszubauen. Sie können das E-Book aber auch als Kindle oder in anderen Formaten auf passenden Plattformen wie Amazon für z. B. um 1 – 10 € zum Kauf anbieten und auch so wieder Geld damit verdienen.

12. Und natürlich können Sie das E-Book kostengünstig (ab ca. 2 €) auch als Büchlein oder sogar Buch drucken lassen – je nachdem, wieviel Material Sie gesammelt haben–, um es auf Veranstaltungen für 10 – 20 € zu verkaufen oder an Interessenten und Kunden zu verschenken.

13. Mit dem Buch können Sie an die klassischen Medien gehen und den ein oder anderen Bericht lancieren. Diese Berichte sind wiederum etwas, das Sie einscannen und auf Ihren digitalen Kanälen verteilen können.

14. Parallel dazu können Sie die einzelnen Beiträge in Form einer laufenden Kolumne in einer Zeitung oder einer Zeitschrift unterbringen oder auch aus mehreren Beiträgen einen längeren Artikel machen, nach dem Motto „Die besten Antworten auf die 10 brennendsten Fragen zum Thema XY“. Wenn dieser veröffentlicht wird, haben Sie wieder Material zum Posten.

Sie sehen schon, die Liste ist nahezu endlos und sich selbstverstärkend. Aus allen Ihren Aktivitäten ergibt sich etwas, das Sie wieder für einen neuen Post oder Beitrag nutzen können. Seien Sie ein wenig kreativ und machen Sie sich das Leben vor allem so leicht wie möglich, wenn es um die Erstellung und Nutzung Ihrer Inhalte geht. Der größte Aufwand fällt beim Neuerstellen von Inhalten an. Verwenden Sie daher das, was Sie haben, anstatt immer alles neu zu erfinden.

Kleine Häppchen statt große Brocken

Durch die rasch voranschreitende Digitalisierung ist die Welt nicht nur schneller geworden, sondern sie hat auch noch andere Auswirkungen auf uns. Die beständig zunehmende Geschwindigkeit bewirkt, dass wir immer weniger Zeit haben, um große Brocken an Inhalten zu lesen oder zu verarbeiten. Ein kurzer Post mit 1 – 2 Sätzen, ein Foto, ein unterhaltsames 30-Sekunden-Video ist schnell mal gelesen bzw. angeschaut. Unsere Kommunikation hat sich online in den letzten Jahren stark verkürzt.

Das bedeutet für alle, die Ihre Reichweite online steigern wollen, ein Umdenken. Auf vielen Kanälen (aber nicht auf allen) lautet die Devise „mehr und kürzere Inhalte“.

Das bringt aber auch Vorteile für Sie mit sich. So können Sie etwa aus einem 60-Minuten-Interview – das man auf manchen Kanälen, wie YouTube z. B. durchaus in seiner vollen Länge zeigen kann und auch sollte – 10 oder auch 20 kurze Sequenzen und „Sager“ herausschneiden und viele, kleine Beiträge daraus machen.

Ich bezeichne diese im Buch immer wieder als Content-Häppchen. Ein Häppchen ist etwas, das Ihr Publikum schnell mal im Vorbeigehen konsumieren und leicht verdauen kann.

Content-Verbreitung

Bei der Ressourcenplanung müssen Sie unbedingt auch die Content-Verbreitung berücksichtigen. Sie können die tollsten Inhalte produzieren. Wenn diese niemand oder zu wenige Kontakte zu Gesicht bekommen, bringt Ihnen das letztlich herzlich wenig.

Man sagt – als Pi-mal-Daumen-Regel – dass für die professionelle digitale Verbreitung der Inhalte genauso viel Zeit eingeplant werden muss wie für die Erstellung. Das bedeutet ganz konkret, wenn Sie z. B. einen Tag an der Erstellung eines umfangreichen Blogartikels arbeiten, sollten Sie einen weiteren Tag (diesen allerdings nicht unbedingt am Stück) einplanen, um diesen Beitrag auf all Ihren bzw. auch fremden Kanälen zu teilen.

Gerade die Arbeit, die mit der Verteilung von digitalen Inhalten zusammenhängt, wird oft und gerne unterschätzt. Damit genau das nicht passiert, lesen Sie unbedingt den folgenden Abschnitt.

Wie oft und wann poste ich meine Inhalte wo? – der Redaktionsplan

Das Erstellen der Inhalte ist nur ein Teil der Arbeit, die für Ihren Online-Auftritt anfällt. Der zweite Teil, der in etwa ebenso viel an Zeit und Arbeit erfordert, ist die Verteilung der Inhalte.

Beides sollten Sie unbedingt in einem Redaktionsplan zusammenfassen. Ohne einen Redaktionsplan ist die Wahrscheinlichkeit sehr hoch, dass Ihre Online-Aktivitäten recht schnell im Sande verlaufen.

Nicht nur, aber vor allem auch dann, wenn Ihre Mitarbeiter einen Teil der Content-Erstellung und die komplette Verteilung Ihrer Inhalte übernehmen, ist ein Redaktionsplan ein unverzichtbares Planungs- und Steuerungsinstrument für Sie.

Der Aufbau eines Redaktionsplanes

Ein solcher Plan ist technisch betrachtet keine Zauberei. Er regelt im einfachsten Fall

- was
- wann
- wo
- und von wem gepostet wird.

Sie können einen solchen z. B. in Excel erstellen, indem Sie wie in einem Kalender in den Spalten die Wochentage eintragen und in den Zeilen die Uhrzeit. In die so entstehenden Kästchen tragen Sie dann die einzelnen Aktivitäten ein.

Dabei kann und wird es wiederkehrende Aktivitäten geben (Donnerstag um 10 Uhr Teaser vom wöchentlichen Blogbeitrag auf Facebook posten), aber auch einmalige, die im Zusammenhang mit einem besonderen Anlass stehen (Muttertag, Schulbeginn, die Publikation eines neuen Buches, die Bewerbung eines Seminars etc.).

Wiederkehrende Aktivitäten erleichtern Ihre Tätigkeit sehr. Sie könnten z. B. auch jeden Tag unter ein Thema stellen. Für einen Fitnesstrainer könnten das z. B. sein:

- Montag: Motivation
- Dienstag: Beine
- Mittwoch: Ernährung
- Donnerstag: Oberkörper
- Freitag: Training mit anderen
- Samstag: Arme
- Sonntag: Entspannung

Der Montag könnte z. B. auf Facebook so aussehen:

- 08:00 – LIVE Morgengymnastik
- 10:00 – motivierendes Zitat als Bild posten
- 12:00 – Motivationstipp für „Gesünder essen"
- 15:00 – Vorher/Nachher-Bild von Klienten, die fitter geworden sind
- 18:00 – Frage an Fans: Was hast du heute für deine Fitness getan?

So oder so ähnlich könnte ein Redaktionsplan in Teilbereichen aussehen. Dasselbe muss dann auch für die anderen Kanäle und die anderen Tage geplant werden. Sie sehen also jetzt schon: Das ist durchaus Arbeit.
Was die Umsetzung noch erschwert, ist, dass gewisse Tätigkeiten zu gewissen Tageszeiten erledigt werden müssen.

So macht es nicht viel Sinn, wenn Sie all das, was wir im oben angeführten Beispiel über den Tag verteilt geplant haben, zwischen 8 und 10 Uhr abarbeiten, weil Sie danach keine Zeit haben. Posts auf sozialen Medien leben auch vom richtigen Zeitpunkt Ihrer Umsetzung, und sinnvoll verteilt ist definitiv besser als alles auf einmal zu posten.

Einen Musterredaktionsplan zum Download finden Sie übrigens auch im Ressourcenbereich zu diesem Buch.

Sie können sich diese Arbeit erleichtern, indem Sie mit den folgenden Strategien arbeiten:

Bereiten Sie Ihren Content in Zeitblöcken vor

Wenn wir uns unseren Beispielmontag oben ansehen, dann sehen wir, dass sich die meisten Posts vorbereiten lassen. Einzig die Live-Morgengymnastik nicht (wenn Sie wirklich live sein soll). Bereiten Sie die Posts in Blöcken vor. Was meine ich damit?

Arbeiten Sie nicht am Montag um 9:30 Uhr ein motivierendes Zitat aus, das Sie dann um 10 Uhr posten. Da ist der Aufwand zu groß. Bereiten Sie stattdessen 100 oder auch gleich 200 Zitate fix und fertig vor. So haben Sie Material für viele Montage bzw. viele Monate, wenn Sie Zitate auch an anderen Wochentagen posten, und der

Arbeitsaufwand pro Post ist so sehr viel geringer. Übrigens ist auch dafür Content-Recycling in seiner einfachsten Form anwendbar. Wenn Sie nach 6 oder 12 Monaten mit den Zitaten durch sind, dann fangen Sie einfach mit denselben wieder von vorne an. Es wird niemandem auffallen, zumal sich die Schar Ihrer Kontakte und Fans auch ständig verändert.

Was immer Sie tun, wird immer nur von einem relativ kleinen Teil der potenziellen Zielgruppe wahrgenommen. Wenn Sie z. B. 1.000 Fans auf Ihrer Facebook-Seite haben, sehen das Zitat im Normalfall wahrscheinlich keine 20. Und selbst wenn es auffällt, stört es gar nicht: Ein gutes Zitat kann man sich durchaus immer wieder ansehen.

Doch nicht nur die Erstellung, sondern auch die Vorbereitung der Verteilung der Posts sollten Sie blocken. Programmieren Sie die ganze Woche Ihres Redaktionsplans am besten vor. Wie das geht, erfahren Sie ein paar Zeilen weiter.

Lagern Sie Arbeit an Mitarbeiter bzw. Dienstleister aus

Lagern Sie alle Tätigkeiten im Zusammenhang mit Ihren Posts aus, die einfach und kostengünstig auslagerbar sind. Das kann einerseits die Erstellung des Contents betreffen, andererseits aber auch die Verteilung.

Um bei unserem Beispiel mit den Zitaten zu bleiben: Wenn Sie nicht zufällig Grafiker sind, sollten Sie die 200 Zitate nicht selbst machen … und wenn Sie Grafiker sind, auch nicht. Dafür ist Ihre Zeit zu wertvoll.

Erstellen Sie eine oder mehrere Vorlagen für Zitate im passenden Look und beauftragen Sie jemanden, der die 200 Zitate einträgt und als Bild abspeichert. Auch das Suchen der Zitate können Sie auslagern. Die Auswahl können Sie ja selbst machen. Das geht schnell und einfach.

Automatisieren Sie Teile dieser Arbeit

Automatisieren bedeutet in diesem Zusammenhang: das Auslagern der Verteilung Ihrer Inhalte auf den unterschiedlichen Plattformen, die Sie bespielen, an geeignete Software Tools. Dabei geht es vor allem um Social Media Kanäle, da dort die Masse Ihrer Posts stattfindet. Viele, aber nicht alle Social Media Plattformen lassen den Einsatz von Software zu – und auch nicht für alle Tätigkeiten in dem Kanal.

Manche verbieten diese sogar unter Androhung von Konsequenzen, die über die temporäre Sperre Ihres Kontos bis hin zum Rauswurf gehen können. Seien Sie daher vorsichtig, welche Tools Sie wo und wofür einsetzen.

Tools, die einfach die von Ihnen erstellten Inhalte an den geplanten Tagen zur richtigen Uhrzeit posten (Hootsuite z. B.), halte ich für unbedenklich.

Mit einem Tool wie Hootsuite können Sie alle Ihre Posts für verschiedene Social Media Plattformen für die ganze Woche, oder auch für mehrere, vorprogrammieren. Das ist nicht nur sehr praktisch, sondern sogar unerlässlich, wenn Sie viel posten.
Eine Liste verschiedener Tools finden Sie im Ressourcenbereich zu diesem Buch.

Wieviel ist zu viel?

Eine Frage, die oft gestellt wird und auch Ihren Redaktionsplan betrifft, ist jene nach dem Wieviel bzw. Zuviel. Wie viele Posts sollen zumindest sein und wie viele sind zu viele? Darauf gibt es keine eindeutige Antwort. Das hängt einerseits sehr stark vom Medium ab.

So können Sie auf Twitter zehn oder auch 20 Tweets pro Tag absetzen, ohne groß und schon gar nicht negativ aufzufallen. Twitter ist ein sehr schnelllebiges Medium. Bei Facebook sind Sie wahrscheinlich aktuell mit drei bis fünf Posts pro Tag gut mit dabei.

Noch wichtiger ist in diesem Zusammenhang aber die Frage, was Sie posten. Ein Zuviel gibt es nicht, sondern nur ein zu uninteressant. Von wirklich spannenden, unterhaltsamen und abwechslungsreichen Posts kann es kaum zu viele geben. Und genau darum – abwechslungsreiche Inhalte zu kreieren, die Ihre Kontakte gerne lesen, sehen oder hören – geht es ja in diesem Buch.

Nachdem wir diese, für Ihren Online-Erfolg extrem wichtigen Fragen bearbeitet haben, können wir uns nun dem Kernthema des Buches zuwenden: Was können Sie posten und welche Möglichkeiten und Ideen für interessante Inhalte gibt es.

Teil 2
Content-Creation und Content-Ideen

Tipps für die Content-Erstellung

Bevor wir uns den konkreten Ideen für Ihre Posts und Beiträge zuwenden, gebe ich Ihnen hier noch ein paar Tipps und Anleitungen zum Umgang mit den vielen Ideen, die Sie nachfolgend aufgelistet finden.

Warum Inhalte Reichweite erzielen

Damit Sie die bestmögliche Reichweite und Aufmerksamkeit aus Ihren Ideen holen, hilft es sehr, sich in die potenziellen Leser hineinzuversetzen und sich zwei Fragen zu stellen:

- Warum teilen bzw. liken Menschen bestimmte Inhalte?
- Welche Art von Inhalten wird wie sehr geteilt oder geliked (was natürlich auch mit der ersten Frage eng zusammenhängt)?

Die Antworten auf diese Fragen haben vor allem mit drei Dingen zu tun:

- Mit der Motivation der Menschen, die Posts und Beiträge sehen bzw. lesen
- Mit der Gestaltung und Aufbereitung der Beiträge (Grafik, Wording etc.)
- Mit der medialen Umsetzung bzw. Darstellungsform als Text, Foto, Grafik, Video etc.

Gemäß einer Studie basierend auf knapp 1.500 Antworten – die komplette Auswertung finden Sie hier: https://bit.ly/2YQ0oWi – sind die drei häufigsten Antworten und damit die Hauptgründe, warum wir gewisse Inhalte promoten:

1. weil ich es interessant/unterhaltsam finde (45 % Frauen / 44 % Männer)
2. weil ich denke, dass es hilfreich für andere ist (33 % Frauen / 26 % Männer – was darauf schließen ließe, dass das Motiv zu helfen bei Frauen stärker ausgeprägt sein könnte)
3. weil es mich zum Lachen gebracht hat (13 % Frauen / 17 % Männer)

Auch wenn diese Zahlen in anderen Studien vielleicht etwas anders aussehen, geben sie uns dennoch eine grundlegende Idee von den Motiven Ihrer Kontakte, was den Umgang mit Content betrifft.

Es gibt auch eine ganze Menge Studien, Blogbeiträge und Bücher zum Thema „Wie gestaltet man Posts und Beiträge, damit diese auch geklickt und geteilt werden". Auch das ist ein spannendes und wichtiges Thema, wird in dem vorliegenden Buch allerdings nicht abgedeckt. Ich kann allerdings jedem, der mehr Reichweite bekommen will, nur empfehlen, sich auch damit zu beschäftigen. Im Ressourcenbereich finden Sie einige weiterführende Beiträge verlinkt.

Der dritte Erfolgsfaktor ist, wie erwähnt, die gewählte Darstellungsform. Ein und derselbe Inhalt kann als Text möglicherweise niemanden interessieren, als Video aber zum Star in Ihrem

Netzwerk avancieren. Es gibt immer wieder wechselnde Trends, was die Darstellungsform betrifft. Zurzeit ist Video gerade sehr angesagt. Das bedeutet aber nicht, dass nicht auch reine Textposts sehr gut performen können. Die Darstellungsform muss vor allem auch gut zum Inhalt passen.

Anleitung für die Arbeit mit den Ideen

In diesem zweitem Teil des Buches finden Sie eine riesige Fülle von Ideen für Ihre Posts. Wahrscheinlich werden Sie nur einen Teil davon für Ihr Business nutzen (können), da bei weitem nicht alle Ideen die Bedingungen erfüllen werden, die Sie im ersten Teil des Buches für Ihr Business definiert haben. Dennoch kann ich Ihnen versprechen: Es werden mehr als genug für Sie übrigbleiben.

Die Ideen sind dabei in Themenbereiche eingeteilt. Diese überschneiden sich bisweilen, was einerseits unvermeidbar, gleichzeitig aber auch geplant und sinnvoll ist. Aus der Kombination mehrerer Ideen können wiederum ganz neue Inhalte entstehen.

Lassen Sie daher Ihrer Kreativität freien Lauf und beschäftigen Sie sich gerade auch mit jenen Ideen, die Ihnen auf den ersten Blick wenig passend bis sehr seltsam vorkommen. Manchmal sind es gerade jene, die eine wahre Fundgrube für Ihr Business darstellen können.

Denken Sie vor allem auch daran, jede Idee für einen Post oder eine Serie gedanklich auf ihre Umsetzbarkeit in verschiedenen medialen Darstellungsformen zu prüfen. So entstehen aus einer kleinen Idee ganz rasch viele Posts.

Zur Unterstützung finden Sie nachfolgend die Darstellungsformen nochmals kurz als Checkliste zusammengefasst.

- Text
- Bild
  - Foto (eigene oder fremde/gekaufte)
  - Zeichnungen – per Hand oder computergeneriert
  - Infografiken
- Video/Film
  - voraufgenommen
  - als Live-Stream
- GIF (Graphics Interchange Format)
- Audio
- Slide Show

Machen Sie Serien

Viele Ideen haben auch das Potenzial, daraus eine Serie zu machen, das bedeutet, mehrere oder auch sehr viele Posts daraus zu gestalten, die Sie dann über einen längeren Zeitraum (oft auch in regelmäßigen Abständen) publizieren können.

Eine Variante des Seriengedankens ist es, „mehr vom Selben“ zu machen. Wenn Sie z. B. jede Woche ein Buch rezensieren und diese Rezension samt Empfehlung posten, ist das eine Serie dieser Art.

Sie können aber auch eine (längere) Aktivität in zeitlich aufeinanderfolgende Teile splitten und daraus eine Serie von Posts machen. Wenn Sie Baumeister sind, dann könnten Sie den Bau eines Hauses – von der Idee, über die Planung bis hin zum fertigen Haus – dokumentieren und als Serie von Posts publizieren.

Google Alerts

Ein unverzichtbares Tool für Sie ist Google Alerts – ein kostenloser, digitaler Clipping-Service von Google: https://www.google.at/alerts. Dort können Sie all jene Begriffe eingeben, die Sie im Zusammenhang mit Ihrem Unternehmen interessieren könnten:

- Ihren eigenen Namen
- Namen von Mitbewerbern
- Namen von Kunden oder Lieferanten
- eigene Produkte (mit Namen oder Produktbezeichnung) oder Produkte von Mitbewerbern
- gewisse Begriffe, die im Zusammenhang mit dem, was Sie machen, stehen (bei einem Fensterhersteller könnten das Begriffe wie Hausbau, Renovierung, Umbau, Wärmedämmung etc.) sein.

Google sendet Ihnen dann eine Nachricht per Mail, jedes Mal, wenn einer dieser Begriffe neu im Internet auftaucht (wobei Sie festlegen können, wie oft Sie eine Mail erhalten wollen). Das ist nicht nur sehr praktisch für den Verkauf und die Markt- und Mitbewerberbeobachtung, sondern eben auch, um Material und Ideen für Beiträge und Postings zu bekommen.

Und keine Angst, Sie können die Begriffe jederzeit löschen, ergänzen und ändern, wenn Sie feststellen, dass Sie zu viel Material bekommen, das Sie nicht verwenden können.

Ausufernde Kreativität

Bei all den vielen kreativen Ideen in diesem Buch plus jenen, die Ihnen zusätzlich kommen werden, wenn Sie das Buch lesen, sollten Sie immer auch die Ziele Ihrer Postings und Beiträge im Auge behalten. Es geht nicht darum, viele Posts zu machen und um jeden Preis aktiv zu sein. Vielmehr geht es ausschließlich darum, viele gute Posts zu machen, und ein Post ist dann gut, wenn er zur Erreichung der von Ihnen festgelegten Content-Marketing-Ziele beiträgt.

Darauf weise ich deshalb noch einmal ganz besonders hin, weil ich beim Schreiben des Buches gemerkt habe, dass die Kreativität dabei durchaus ausufernd sein kann und man beim enthusiastischen Kreieren von Inhalten für digitale Kanäle die eigentlichen Ziele bisweilen etwas aus den Augen verlieren kann.

Von einfach bis aufwändig

Passend zu diesem Hinweis, was die ausufernde Kreativität angeht, sei auch noch darauf hingewiesen, dass Sie sehr einfach umsetzbare Ideen finden werden und solche, deren Umsetzung mit viel Aufwand (Geld- oder Zeiteinsatz) verbunden ist. Die einfachen sind oft jene, bei denen Sie etwas, das es ohnehin bereits gibt, nehmen und daraus Inhalte für Ihre Kanäle machen – im einfachsten Fall z. B. ein Selfie von Ihnen bei der Arbeit.

Die aufwändigen Ideen basieren oft auf etwas, das Sie dafür erst ins Leben rufen müssen – z. B. einen eigenen Award, den Sie regelmäßig vergeben. Beides kann möglich und auch sinnvoll sein, zumal Sie bei den Ideen, die mit mehr Aufwand verbunden sind, meist auch deutlich mehr Content in Form von ganzen Serien und unterschiedlichsten Inhalten herausholen können.

Zur leichten Erkennbarkeit sind alle Ideen mit ein bis drei Punkten gekennzeichnet, was sowohl den zeitlichen (◷) als auch den finanziellen (€) Aufwand betrifft.

◷ = ohne nennenswerten Zeitaufwand umsetzbar

◷ ◷ = mit etwas Zeitaufwand umsetzbar

◷◷◷ = mit erheblichem Zeitaufwand umsetzbar

€ = ohne Kosten umsetzbar

€€ = mit etwas finanziellem Aufwand umsetzbar

€€€ = mit erheblichen Kosten umsetzbar

Die von mir angegebenen Werte sind Schätzungen bezogen auf einen minimalen bis realistisch-durchschnittlichen Aufwand. Natürlich kommt es sehr stark auf die Ausführung und Umsetzung des Tipps an. Sie können ein Experteninterview mit wenig Aufwand z. B. über Zoom oder Skype führen und mitschneiden oder aber auch den Experten in ein Studio einladen und dort ein professionelles Video mit zwei Kameras und aufwändiger Nachbearbeitung erstellen lassen.

Die Beispiele

Die angeführten, konkreten Beispiele sind teilweise solche, die große Reichweiten erzielt haben, teilweise aber auch durchschnittlich erfolgreiche. Ich wollte mit diesen Beispielen vor allem zeigen wie die Ideen, über die ich gerade schreibe, umgesetzt wurden.

Darüber hinaus wollte ich bei Ihnen nicht den Eindruck erwecken, dass jeder Post extrem erfolgreich werden muss. Das ist auch bei den sehr erfolgreichen Online-Akteuren nicht der Fall. Das würde Sie unnötig frustrieren.

Vielmehr sollten Sie ein Grundrauschen mit durchschnittlich erfolgreichen Posts erzeugen und ab und an wird Ihnen ein Treffer in Form eines Beitrages mit weit überdurchschnittlichen Erfolgen gelingen. Und wenn Sie eine solide Strategie haben und diese konsequent umsetzen, kreativ sind und verschiedene Ideen ausprobieren, werden die überdurchschnittlichen Erfolge im Laufe der Zeit mehr werden.

Was übrigens als erfolgreich zu bezeichnen ist, hängt gerade im Zusammenhang mit online Kanälen sehr stark von der Größe des bestehenden Netzwerks, der Anzahl der Kontakte und Fans bzw., im Fall von Blogbeiträgen, von der Stärke der Webseite ab.

Für jemanden mit 1.000 Fans auf Facebook sind 50 Likes für einen Beitrag vielleicht schon sehr respektabel, für jemanden mit 10.000 Fans normal und für eine Seite mit 100.000 Fans eine schwache Performance.

Nummerierung

Zur einfacheren Wiederauffindbarkeit sind alle Ideen und Strategien kapitelübergreifen fortlaufend durchnummeriert. So brauchen Sie sich nur eine Nummer aufzuschreiben und finden die Idee jederzeit ganz rasch wieder.

Warnhinweis Datenschutz und Rechte

Einige der Ideen, vor allem all jene, im Rahmen derer Menschen gezeigt oder Namen genannt werden, könnten aus Sicht des Datenschutzes heikel sein. Klären Sie im Zweifelsfall mit einem Datenschutzexperten ab, ob und in welcher Form eine Idee für Sie umsetzbar ist. Bei einigen wird es im Zuge dessen notwendig sein, die ausdrückliche, oft schriftliche, Zustimmung einer Person einzuholen.

Was etwaige Rechte an verwendeten Materialien angeht, so müssen Sie auch das im Einzelfall klären, wenn es sich um Texte, Bilder oder Videos anderer handelt. Fremde Inhalte, vor allem fremde Bilder, zu verwenden, ohne die Zustimmung eingeholt oder das Material gekauft zu haben, kann sehr teuer werden.

A.

Persönliches

In diesem Bereich geht es um Persönliches, vielleicht sogar um sehr Persönliches. Ob und wie weit Sie für Ihr Business diesen Ideenpool überhaupt nutzen wollen, ist eine Grundsatzentscheidung, die Sie treffen müssen. Manche machen genau das sehr intensiv, andere verlieren kein Wort über Privates und Persönliches.

Grundsätzlich geht es bei den folgenden Ideen immer darum, in irgendeiner Form von sich zu erzählen, etwas – vielleicht auch Geheimes, Vertrauliches – preiszugeben.

1. Persönliche Ziele

€

Was wollen Sie erreichen und bis wann? Warum wollen Sie etwas erreichen? Sie können das Thema Ihrer eigenen Zielerreichung immer wieder aufgreifen und regelmäßig darüber berichten, wie Sie in Bezug auf ein Ziel vorankommen.

2. Ihre Anfänge und Ihre Geschichte

€

Das könnte eine Art Kurzbiografie sein, dargestellt in Wort und Bild, gewürzt mit alten Fotos, die sich sehr gut als Serie darstellen ließe. Diese Idee ist vor allem dann interessant, wenn Sie auf sich als Personenmarke setzen und Personal Branding betreiben. Je bekannter Sie bereits sind, umso mehr interessiert es die Menschen, mehr über Sie zu erfahren.

3. Hobbys

€

Hobbys sind ein wahrer Fundus an Ideen für Posts. Vieles lässt sich auch in Ton, Bild und Text darstellen. Hobbys verbinden Menschen, die dieselben Interessen haben, sehr stark. Martin Sänger, ein deutscher Berater, der Unternehmen durch den digitalen Dschungel führt, berichtet auf Facebook z. B. gerne über sein Fable für rassige Oldtimer und erhält dafür viel Aufmerksamkeit und Likes aus seinem Netzwerk
(Abb. siehe S. 43).

4. Urlaub und Reisen

€ €

Wenn Sie über eine Reise auf Ihren Kanälen berichten wollen, empfiehlt es sich, vorher ein Konzept dafür zu machen. Aus eigener Erfahrung weiß ich, dass man ansonsten sehr rasch überfordert ist. Man ist in Urlaubs- und nicht in Arbeitsstimmung, es gibt eine Fülle von Eindrücken und man fragt sich: Worüber soll ich denn jetzt berichten?

Eine Stilberaterin, die eine Reise nach New York unternimmt, könnte z. B. eine Serie zum Thema „Modeshopping in Manhattan – die ausgefallensten Stores“ bringen. Mit diesem Konzept im Kopf geht man ganz anders durch die Stadt und sucht (und findet auch) jede Menge toller Beispiele, die in dieses Konzept passen.

Natürlich könnten Sie auch zwei oder mehr Konzepte für Posts zu Ihrem Urlaub parallel

https://bit.ly/39Y3wog

haben. Irgendwann stellt sich dann allerdings zurecht die Frage: Ist das noch ein Urlaub? Es könnte aber auch eine berufliche Reise sein, die Sie nur zu diesem Zweck unternehmen.

5. Familie, Partner und Kinder

⏲ €

Wenn Sie das wollen und die Entscheidung getroffen haben, das auch zu tun, gibt es im Umfeld Ihrer Familie, speziell Ihrer Kinder, jede Menge Material für Content. Das ist speziell dann interessant, wenn Ihre Produkte und Dienstleistungen irgendetwas mit Kindern zu tun haben (Kinderkleidung, Spielzeug ...).

Startup-Experte Johannes Ellenberg hat seine Kinder sehr sympathisch ins Spiel gebracht, ohne sie direkt in Szene zu setzen. Eine Strategie, die sehr gut funktionieren kann, wie man sieht (Abb. siehe S. 44).

6. Laster

⏲ €

Die meisten Menschen haben Laster. Ich spreche hier nicht von den großen – wie z. B. einer Spielsucht, die die Existenz ruiniert – sondern von den kleinen, den alltäglichen. Ein Übermaß an Süßigkeiten, ein Faible für Wein, Bier, Whiskey (ohne Alkoholiker zu sein), Zigarren etc.

Sie können Ihre Laster auch als etwas sehen, das Sie als Mensch markant macht. Man kann im Stillen sein Bier trinken oder das Trinken und

https://bit.ly/39YW63Y

Genießen unterschiedlichster Biersorten online dokumentieren.

7. Tägliche Routinen / Ihr Tagesablauf

⏲ €

Tägliche Routinen – vom Aufstehen bis zum Schlafengehen – sind etwas, das jeder hat. Spannender Content für Ihre Fans lässt sich dann daraus kreieren, wenn Sie ganz gezielt davon berichten. Im Stunden- oder Minutentakt. Mit Live-Videos und Fotos. Vielleicht wollten Ihre Fans ja immer schon wissen, wie Sie sich die Zähne putzen. Per Hand oder elektrisch?

8. Entspannung

⏲ €

Passend zum vorherigen Punkt, sind Entspannungsroutinen auch etwas, woraus sich Content entwickeln lässt. Dabei müssen Sie natürlich darauf achtgeben, dass diese für Sie dann noch entspannend sind.

9. Werte und Prinzipien

⏲ €

Was treibt Sie an im Leben? In Ihrem Beruf? Was ist Ihnen wichtig? Auch Ihre Werte sind etwas, woraus sich sehr persönlicher Content machen lässt. Und dabei hört es nicht bei den Werten auf. Der Wert „Zuverlässigkeit“ etwa bedeutet für jeden etwas Anderes. Was bedeutet Zuverlässigkeit für Sie übersetzt in ganz konkrete, praktische Beispiele.

10. Soziale Projekte und Aktivitäten

⏲ €

Gibt es soziale Projekte und Aktivitäten, die Sie unterstützen? Vielleicht sogar solche, die Sie ins Leben gerufen haben? Dann berichten Sie darüber. Das hat den zusätzlichen Nutzen, dass Sie gleichzeitig etwas für diese Projekte tun können.

11. Vorbilder

⏲ €

Welche Vorbilder haben Sie in den unterschiedlichen Bereichen des Lebens? Was macht diese Menschen zu Vorbildern für Sie? Das hätte auch Potenzial für eine kleine Serie von Beiträgen.

12. Kleidung

⏲ €

Lassen Sie die digitale Welt einen Blick in Ihren Kleiderschrank werfen. Was tragen Sie oft? Warum? Was haben Sie gekauft und noch nie getragen? Mit letzterem könnten Sie sogar ein Gewinnspiel machen und z. B. jede Woche ein Kleidungsstück online verlosen (und das in Social-Media-Content packen), das Sie noch nie getragen haben.

Vielleicht können Sie sogar andere von der Idee begeistern und eine Gemeinschaftsaktion daraus machen.

13. Vorlieben

⏲ €

Was mögen Sie, was mögen Sie nicht? Ihre Vorlieben sind in vielerlei Hinsicht ein Fundus für Posts und Content aller Arten. Das können Vorlieben aus allen möglichen Bereichen sein, wie z. B.:

- Blogs, YouTube-Kanäle oder Podcasts – dabei lassen sich natürlich Aktionen gemeinsam mit den jeweiligen Betreibern bzw. Verfassern machen

- Fernseh- und Filmstars

- Serien und Filme

- Autoren und Bücher
  Posten Sie über ein Buch, das Sie gerade lesen.

- Essen und Getränke
  Gerade, wenn es um Essen und Getränke geht, können Sie auch das Gegenteil machen: Posten Sie, was Sie nicht mögen – Ihre Top 10 der ekligsten Speisen oder Getränke zum Beispiel.

- Musik und Musiker

- Maler und Künstler

- Urlaubsorte

14. Sich selbst bei der Arbeit

⏲ €

Je nach Art Ihres Geschäftes können Sie Fotos oder auch ein kurzes Video von sich selbst bei der Verrichtung Ihrer Arbeit sehr gut als Content für kurze Posts verwenden. Das wäre sozusagen ein spezieller Teil Ihres Tagesablaufes, den wir schon weiter oben erwähnt haben.

15. Die angenehmste/unangenehmste Aufgabe

⏲ €

Auch bei den Tätigkeiten, die Sie verrichten, gibt es mehr oder weniger angenehme. So könnten Sie z. B. von der unangenehmsten Aufgabe jeden Tag berichten.

16. Selfies

⏲ €

Selfies sind in den letzten Jahren wahrscheinlich zu den meistgeschossenen und geposteten Fotos geworden. Man könnte sie beinahe schon als eigene Kunstform bezeichnen. Ein Selfie an sich hat ja noch keinen wirklichen Content, keine Aussage.

Als Darstellungsform in Verbindung mit einer der bereits erwähnten oder noch folgenden Ideen sind Selfies durchaus interessant. Selfies auf Reisen etwa – Sie vor den Top-Ten-Sehenswürdigkeiten einer Stadt etc. Vor allem bei einer ausgeprägten Personal-Branding-Strategie sind Selfies ein sehr gut nutzbares Tool.

B.

Das eigene Unternehmen

Vor allem dann, wenn Ihr Unternehmen nicht nur aus Ihnen und Ihrem Home-Office besteht, ist es eine sehr ergiebige Quelle für Inhalte aller Art. Wie Sie in diesem Kapitel sehen werden, gibt es dort sehr viel Wissenswertes oder auch Unterhaltsames, über das Sie berichten können.

17. Unternehmenspräsentation

⏲⏲ €

Die klassische Unternehmenspräsentation ist zwar weder ungewöhnlich noch neu und dennoch kann man daraus wertvollen Content machen – in Form eines Videos oder einer Slidepräsentation zum Beispiel.

18. Unternehmensnews

⏲ €

Unternehmensnews stehen im schlechten Ruf, das Einzige zu sein, was viele Unternehmen an Neuigkeiten auf Ihren Webseiten bringen. Als einziger Inhalt ist das definitiv zu wenig und meistens auch zu unspektakulär. Außerdem wird dabei oft wenig Bezug auf die Bedürfnisse und Nutzen der Kunden genommen.

Für Social-Media-Kanäle hingegen eignen sich Neuigkeiten aus Ihrem Unternehmen durchaus, um daraus Content für frische Posts zu machen. Dies vor allem dann, wenn Sie es schaffen, dem Post eine menschliche Note zu geben. Das bedeutet statt nur zu posten „Wir haben den XY Preis gewonnen", die Mitarbeiter, die den Preis verdient haben, freudestrahlend bei der Preisverleihung zu zeigen.

19. Blick hinter die Kulissen

⏲⏲ €

Ein Blick hinter die Kulissen Ihres Unternehmens kann alles Mögliche sein. Bei einem Produktionsbetrieb etwa wäre es spannend zu zeigen, wie und in welchen Arbeitsschritten die Produkte hergestellt werden. Bei einem Dienstleister kann man die Durchführung der Dienstleistung in Form von kleinen Content-Häppchen zeigen. Beides hat Potenzial, daraus eine Serie von Beiträgen zu machen.

20. Unternehmenswerte

⏲⏲ €

Hat Ihr Unternehmen eine Vision, eine Mission, dokumentierte Unternehmenswerte, nach denen Sie Ihr Geschäft betreiben? Machen Sie daraus Content für Ihre digitalen Kanäle. Dabei reicht es nicht, das ausformulierte Vision/Mission-Statement oder Ihre Unternehmenswerte auf Facebook zu posten.

Das ist langweilig. Wesentlich interessanter hingegen wäre es, anhand von konkreten Beispielen zu zeigen, wie Sie Ihre Vision bzw. Ihre Werte tagtäglich leben. Zu sagen, man arbeite nachhaltig, ist eine Sache.

Zu posten, wie es durch eine gemeinsame Anstrengung der Mitarbeiter gelungen ist, den Plastikmüll in den Büros deutlich zu reduzieren und das mit Vorher/Nachher-Fotos zu dokumentieren, eine ganz andere.

21. Unternehmensziele

⏲ €

Die Ziele, die Sie mit Ihrem Unternehmen verfolgen, sind in zweierlei Hinsicht etwas, was sich eignet, um daraus Online-Content zu erstellen. Einerseits sind es die Ziele selbst, die Sie der digitalen Öffentlichkeit mitteilen könnten. Andererseits können Sie aber auch regelmäßig davon berichten, wie es Ihnen bei der Umsetzung Ihrer Ziele geht.

Das ist etwas, das börsennotierte Aktiengesellschaften machen müssen und in Form von Monats-, Quartals- und Jahresberichten auch ausführlich tun (meist allerdings in einer durch aktienrechtliche Bestimmungen sehr genau definierten Form).

Doch auch Unternehmen bzw. Unternehmer, die das nicht tun müssen, könnten es tun. Es gibt sogar Selbstständige und Kleinunternehmer, die Ihre monatlichen Umsätze auf der Website publizieren (Pat Flynn, ein US-amerikanischer Medienunternehmer und Podcaster hat das eine Zeit lang gemacht.)

22. Meilensteine

⏲ €

Passend zum Thema Ziele, bietet es sich an, erreichte Teilziele und Meilensteine online zu kommunizieren bzw. zu feiern. Wenn das Buch endlich fertig ist, das Sie schreiben wollten oder die Webseite in der neuen Form online ist.

Stefan James (Project Life Mastery) hat nicht nur seine Jahresziele per Video über seinen YouTube-Kanal kommuniziert, sondern auch einen detaillierten, monatlichen Report zum Stand seiner Zielerreichung gemacht: https://www.youtube.com/watch?v=Zm4UEJczu9s

23. Engagement für guten Zweck

⏲ €

Die Unterstützung von sozialen, ökologischen oder gemeinnützigen Projekten kann auch für Unternehmensposts interessante Inhalte ergeben.

24. Weitere Social-Media-Profile

⏲ €

Das Vernetzen der verschiedenen digitalen Kanäle, die Sie nutzen und bespielen, ist auch etwas, das Sie gezielt forcieren und daraus eigene Beiträge machen können. So können Sie etwa einen Facebook-Post unter dem Titel „Best of Instagram“ machen, bei dem Sie die tollsten Fotos, die Sie auf Instagram online gestellt haben, Ihren Facebook-Freunden und Fans zeigen, gepaart mit der Aufforderung, Sie doch auch auf Instagram zu besuchen.

Das ist vor allem dann sinnvoll, wenn Sie nicht genau dieselben Inhalte auf all Ihren Kanälen teilen.

25. Unternehmensgeschichte

⌚⌚ **€**

Vor allem Unternehmen mit langer Tradition und jahrzehntelanger Geschichte haben rückblickend viel zu erzählen. Der Wiener Süßwarenhersteller Manner hat daraus einen Film gemacht: https://www.manner.com/de-AT/uber-manner#event-216.

Die Druckerei Gugler hat ihre 30-jährige Geschichte auf der Website sehr gut aufbereitet dokumentiert:
https://www.gugler.at/unter-nehmen/geschichte.html

Doch Sie können daraus wesentlich mehr Material für Posts machen, indem Sie die Geschichte in kleine Teile herunterbrechen. Jedes einzelne Foto aus Ihrer Firmengeschichte, jeder einzelne Zeitungsbeitrag und jedes einzelne Ereignis ist ein separater Beitrag für Ihre Online-Kanäle. Auch hier ließe sich wieder eine Serie daraus machen: „Zurückgeblickt – Impressionen aus den letzten 50 Jahren".

26. Werbegeschenke und Give-aways

⌚ **€**

Selbst aus etwas an sich ganz Banalem wie Werbegeschenken lassen sich gute und humorvolle Inhalte erstellen. i+R, ein Bauunternehmen, setzt so etwa seine Badetücher gekonnt mit Kindern in Szene. Zu Sommerbeginn wäre das eine tolle Idee für einen Post.

Wenn Sie viele unterschiedliche Werbegeschenke haben, dann können Sie daraus sogar eine kleine Serie machen und diese in unterschiedlichsten Verwendungsmöglichkeiten zeigen. Wofür kann man Ihr tolles Handtuch etwa mehr oder weniger sinnvoll nutzen?

iR **ir.karriere** • Folgen
Lauterach, Austria

...

iR **ir.karriere** Unsere Badetücher sind bereit fürs Freibad, den See und den Urlaub! 😎☀️💦⛱️ #unserbaugefühl #ir_gruppe #bauunternehmen #wirbewegengroßes #bauen_immobilien_bagger

55 Wo.

Gefällt [redacted] und
89 weitere Personen

13. JUNI 2019

Kommentar hinzufügen ... Posten

https://bit.ly/3i6mMTo

C.

Mitarbeiter

Eine Kategorie von Inhalten, die Menschen online besonders interessieren, sind andere Menschen. Was sie tun, wo und mit wem, was sie sagen und denken. Wir Menschen sind Gemeinschaftstiere. Es bietet sich daher an, Ihre Mitarbeiter in Ihren Content mit einzubeziehen. Nicht nur bei der Erstellung der Inhalte, sondern Sie können Ihre Mitarbeiter selbst zum Inhalt werden lassen – immer vorausgesetzt, dass diese das auch gerne wollen.

27. Mitarbeiter vorstellen

⏲ **€**

Die einfachste Form, Ihre Mitarbeiter in Ihren Content miteinzubeziehen, ist es, diese vorzustellen. Sie können das einzeln oder in (Klein)Gruppen, abteilungsweise etwa, machen. Sie können viele von den Ideen für Posts, die wir im Kapitel „Persönliches" in Bezug auf Sie selbst besprochen haben, auch auf Ihre Mitarbeiter anwenden. Lassen Sie sie diese Posts selbst erstellen. Es wird welche geben, die bei so einem Projekt mit Feuereifer mitmachen. Dabei können Sie alle wesentlichen medialen Register ziehen – Text, Video und Fotos.

28. Stellenangebote/Personalsuche

⏲ **€**

Aus der Mitarbeitersuche sind digitale Kanäle ohnehin nicht mehr wegzudenken. Doch diese helfen Ihnen nicht nur, neue Mitarbeiter zu finden, sondern – geschickt gemacht – können Sie gleichzeitig interessanten Content damit kreieren.

Statt nur eine Stelleanzeige zu posten, können Sie z. B.:

- Mitarbeiter zu Wort kommen lassen, die diesen Job bereits machen
- den Arbeitsplatz fotografieren
- einen Mitarbeiter bei der täglichen Arbeit in dem zu besetzenden Job fotografieren oder filmen und in Teilbereichen dokumentieren, was die wesentlichsten Aufgaben sind
- die zukünftigen Kollegen vorstellen

Mit etwas Kreativität und Humor können Sie so einen Effekt erzielen, der wesentlich größer ist, als den, den eine simple Stellenbeschreibung oder Stellenanzeige hat.

29. Neue Mitarbeiter

⏲ **€**

Kommt ein neuer Mitarbeiter an Bord, ist das natürlich auch wieder ein großartiger Aufhänger, um digitale Inhalte zu produzieren. So könnte der neue Mitarbeiter etwa seine ersten X Tage in Form eines digitalen Tagebuches dokumentieren und tägliche Posts daraus machen. Das Format dafür sollte vorgegeben sein, dann wird es auch für den Mitarbeiter leichter. Inhalte könnten sein:

- Was hast du heute gelernt?
- Worüber warst du heute erstaunt?
- Was hat dich heute am meisten gefreut? etc.

30. Mitarbeiter, die gehen

⏲ €

Selbst in den besten Unternehmen passiert es immer wieder, dass Mitarbeiter das Unternehmen verlassen.
Manchmal, weil sie in Rente gehen, manchmal auch, weil sie in ein anderes Unternehmen wechseln oder sich selbstständig machen.

Der Umgang mit diesen zeigt Unternehmen in einem ganz besonderen Licht. Wenn Sie es schaffen, diese Trennung so zu gestalten, dass weder der Mitarbeiter noch das Unternehmen negative Gefühle hegt, können Sie dieses Ereignis durchaus auch für Postings nutzen.

So könnten Sie etwa den scheidenden Mitarbeiter in Ihre Suche nach einem Nachfolger miteinbeziehen und ihn in die oben genannten Ideen zum Thema Personalsuche einbinden.

31. Mitarbeiterjubiläen

⏲ €

Doch ein Mitarbeiter muss nicht neu sein oder gar gehen, um ihn zu feiern. Auch alle Arten von Jubiläen bieten sich dafür an. Das können die klassischen Zugehörigkeitsjubiläen sein – 10, 20, 25 Jahre usw. – aber warum so lange warten?

Wer sagt, dass man nicht auch das 1-wöchige, 1-monatige oder 1-jährigen Jubiläum der Unternehmenszugehörigkeit eines Mitarbeiters der digitalen Welt in Posts mitteilen darf?

32. Geburtstage

⏲ €

In dieselbe Kategorie fallen die Geburtstage Ihrer Mitarbeiter. Warum sich nicht ein nettes Ritual überlegen (Torte mit Kerzen und Geburtstagsständchen im einfachsten Fall), dieses auf Foto oder Video dokumentieren (oder sogar als Live-Video umsetzen) und in passenden Kanälen posten? Das könnte nicht sympathische, sondern oft auch lustige (je nach Ritual) Beiträge ergeben.

33. Hochzeiten

⏲ €

Hochzeiten sind für viele Menschen dann doch etwas, was zu privat und jenseits dessen ist, was man medial inszenieren möchte. Manche – vor allem Promis und VIPs – tun es trotzdem und erhalten damit jede Menge Inhalte und Aufmerksamkeit.

Ob es für Sie und in diesem Fall auch für Ihre Mitarbeiter noch innerhalb des grünen Bereiches ist, aus der Hochzeit ein mediales Ereignis zu machen, muss im Einzelfall entschieden werden.

Natürlich gibt es Rahmenbedingungen, die schon sehr verlocken, die Hochzeiten der Mitarbeiter bzw. die eigene für Ihr Content-Marketing zu nutzen. Überall dort, wo das Unternehmen viel mit Hochzeiten zu tun hat, ist es definitiv eine Überlegung wert.

Das könnte z. B. der Fall sein bei:

- Brautmodegeschäften
- Hochzeitsfotografen
- Vermietern von typischen Hochzeitslocations
- Eventcaterern mit einem Schwerpunkt auf der Ausrichtung von Hochzeiten
- Juwelieren

Wie das sensible Thema Hochzeit mit viel Fingerspitzengefühl sehr schlicht aber wirkungsvoll umgesetzt werden kann, zeigt Social-Media-Experte Felix Beilharz mit einem Post, der als Nachricht nur „She said yes“ beinhaltet. Dafür hat er hunderte von Likes und Kommentaren und Sympathiepunkte erhalten.

https://bit.ly/2XydPKu

34. Mitarbeiter des Monats

⏲⏲€

Viele Unternehmen küren jeden Monat einen Mitarbeiter des Monats. Dieser wird aufgrund verschiedener leistungsbezogener Kriterien ausgewählt. Meistens ist ein Foto des Mitarbeiters im Eingangsbereich oder auch in der Kantine ausgehängt. Warum diese Auszeichnung nicht auch auf sozialen Medien kommunizieren?

Doch das Konzept gäbe noch mehr her. Wenn Sie etwa die Art der Leistung, für die ausgezeichnet wird, differenzieren, können Sie nicht nur einen, sondern mehrere Mitarbeiter des Monats haben.

Ein paar Beispiele dafür:

- Der mit der besten neuen Idee
- Der mit dem besten Kundenfeedback
- Der mit dem größten Einsatz
- Der, der den Fehler gemacht hat, aus dem das Unternehmen am meisten gelernt hat (bei Unternehmen mit der passenden Fehlerkultur)

Da könnten natürlich auch humorvollere Kategorien dabei sein, wenn das zu Ihrem Image, das Sie ausstrahlen wollen, passt.

Bei größeren Unternehmen könnten Sie die „Mitarbeiter des Monats“-Kategorien auch nach Abteilungen oder Unternehmensbereichen aufteilen. Aber auch ein „Mitarbeiter des Tages“ wäre denkbar, wenn er entsprechend einfach zu ermitteln ist.

Damit hätten Sie jeden Tag eine Nachricht, die zumindest einen Post wert ist – vorausgesetzt, Ihr Team ist groß genug, damit sich die Personen nicht dauernd wiederholen.

Bei sehr großen Unternehmen, mit entsprechend vielen Führungskräften, könnte es auch eine Führungskraft des Monats geben, über die und deren Leistungen online berichtet wird.

35. Profile tauschen

⏲⏲€

Instagram hat unter anderem die spezielle Eigenschaft, dass man die Posts nur am Smartphone erstellen kann. Vom Desktop-Computer bzw. Laptop aus geht das nicht. Daher sind Instagram-Profile immer auch einem mobilen Gerät zugeordnet. Wenn Sie also ein Firmen-Smartphone haben, auf dem Ihr Unternehmens-Instagram-Profil läuft, dann wird dieses von einer Person betreut.

Warum nicht dieses Smartphone im täglichen oder wöchentlichen Rhythmus verschiedenen Mitarbeitern geben, die dann während dieser Zeit für das Instagram-Profil des Unternehmens verantwortlich sind. Natürlich braucht es dafür ein Konzept und einen Rahmen, damit die Mitarbeiter wissen, was Sie tun sollen und auch, was nicht passt. So könnten eine Menge abwechslungsreicher Inhalte entstehen.

Dieselbe Vorgehensweise ist natürlich auch für andere Social-Media-Kanäle denkbar und wird auch gemacht.

36. Firmentiere und Maskottchen

€

Manche Unternehmen haben Firmentiere oder auch Maskottchen (oft Stofftiere). Diese – die lebenden wie die aus Stoff – lassen sich wunderbar für Unternehmenspostings nutzen. Inhalte, die Tiere zeigen, werden als besonders sympathisch aufgenommen und gerne geliked und geteilt.

https://bit.ly/3a0ckdf

Die Eventagentur Happy & Ness aus Wien setzt so die Agenturhündin Stella häufig in Szene – auf Fotos, aber auch Videos, in Action, in Verkleidung und passend zu Anlässen. Es gibt nichts, wo Stella nicht passt.

Wenn Sie kein Firmentier haben bzw. sich nicht extra für den Zweck der Content-Produktion eines anschaffen wollen (was auch nicht die richtige Motivation wäre, Tierbesitzer zu werden), dann können Sie ein passendes Maskottchen aus Stoff nehmen – einen Teddybären, einen Hund etc. – und dieses in Ihren Posts in Szene setzen.

37. Mitarbeiterevents

⏲ €

Im Rahmen aller Arten von Firmenevents lassen sich Ihre Mitarbeiter natürlich auch wieder für kurzweilige, humorvolle und informative Inhalte und Postings nutzen. Die Weihnachtsfeier (wenn noch nicht zu viel Alkohol geflossen ist), der Betriebsausflug, Fasching/Karneval oder auch Halloween bieten eine Vielzahl von Ideen für Inhalte.

38. Weiterbildungsveranstaltungen

⏲ ⏲ €

Alle Arten von Seminaren, Workshops und Events, die der Weiterbildung der Mitarbeiter dienen, bieten nicht nur jede Menge Möglichkeiten für interessanten Content, sondern kommunizieren auch, dass an der Qualität der Mitarbeiter des Unternehmens gearbeitet wird. Und das wiederum ist nicht nur im Sinne des Unternehmens, sondern auch im Sinne des Kunden.

Der daraus entstehende Content kann nicht nur die Mitarbeiter, die lernen, im Fokus haben, sondern auch den Inhalt, der gelehrt wird. So können die „10 wichtigsten Erkenntnisse“ aus einem Seminar einen spannenden Blogbeitrag oder auch 10 kurze Beiträge für soziale Medien ergeben.

D.

Produkte und Dienstleistungen

Die eigenen Produkte und Dienstleistungen nach außen zu kommunizieren, ist etwas, das ohnehin jedes Unternehmen macht.

Meistens jedoch zu ich bezogen, zu werblich und zu wenig spannend, abwechslungsreich und humorvoll, und zu wenig mit Nutzen für den Kunden verknüpft.

Zu sagen „Das gibt es bei uns und das ist toll" ist definitiv zu wenig kreativ für Produktnachrichten, die auf verschiedenen Online-Kanälen verteilt werden sollen. Im Folgenden finden Sie daher eine Reihe von Ideen, wie Sie aus Ihren Produktinformationen viele spannende Beiträge machen können.

39. Produkte und Dienstleistungen

⏲ €

Auch wenn es Ihr Netzwerk nicht allzu sehr schätzt, nur mit Produktangeboten bombardiert zu werden, so spricht natürlich nichts dagegen, auf diese ab und an in Form von Posts hinzuweisen. Speziell (aber nicht nur) dann, wenn sie neu sind, sollten Sie das tun. Sie finden aber im Folgenden sicher Ideen, um das interessanter für die Zielgruppe zu gestalten.

40. „Making of" von Produkten und Dienstleistungen

⏲⏲ €

Bei vielen der Produkte, die wir tagtäglich kaufen oder konsumieren, haben wir noch nie darüber nachgedacht, wie diese hergestellt werden, und haben daher oft keine Ahnung davon.
„Making of"-Content, der im Detail und einzelnen Schritten zeigt, wie ein Produkt hergestellt bzw. eine Dienstleistung umgesetzt wird, füllt nicht nur diese Wissenslücke, sondern produziert auch eine Menge vielfältiger Inhalte für Ihre digitalen Kanäle.

Das Schöne daran ist, dass Sie dabei auch die Menschen im Produktionsprozess in Szene setzen können, was den Inhalt noch interessanter macht.

In dieses „Making of" können Sie aber auch jene Produktionsschritte miteinbeziehen, die Ihrem Unternehmen vorgelagert sind. Wo und wie entstehen z. B. die Rohstoffe für Ihre Produkte? Welche Verarbeitungsschritte setzen andere Unternehmen, von denen Sie Teile oder Halbfertigprodukte zukaufen?

Daraus lassen sich nicht nur wunderbare Serien von Beiträgen machen. Sie können auch Ihre Lieferanten miteinbeziehen und mit vereinten Kräften online noch mehr Wirkung, Reichweite und Aufmerksamkeit erzielen.

41. „Making of" von Projekten

⏲⏲ €

Doch nicht nur Produkte und Leistungen, die immer wieder bzw. serienmäßig produziert werden, lassen sich als „Making of" dokumentieren. Auch Einmalprodukte – wie das Schreiben eines Buches – oder auch Projekte – wie der Bau oder die Komplettsanierung eines Gebäudes – lassen sich in einer Serie von Beiträgen und Posts wunderbar dokumentieren.

42. Bestverkaufte Produkte

⏲ €

Die in einem früheren Abschnitt des Buches besprochene Idee der „Mitarbeiter" des Monats kann in sehr ähnlicher Form auch auf Produkte angewendet werden. Warum nicht ein Produkt der Woche küren, das aufgrund bestimmter Kriterien das Beste ist. Im einfachsten Fall kann es das am meisten verkaufte sein.

Diese Idee für Postings macht überall dort besonders viel Sinn, wo es eine größere bis sehr große Produktpalette (oder theoretisch auch Dienstleistungspalette) gibt. Der Handel etwa bietet sich dafür an.

43. Summen bilden

⏲⏲ €

Bisweilen kommen ganz spannende Zahlen heraus, wenn man die Betrachtungs- bzw. Zählweise ändert. So könnte ein Barber Shop etwa ausrechnen, wie viele Meter Bart der Barbier an einem Tag, einer Woche oder auch in einem Monat geschnitten hat. Diese Summe könnte er auch noch im Verhältnis zu einer ganz anderen Größe setzen.

Zum Beispiel könnte die Aussage dann lauten: „Wir haben im April 1.350 m Bart geschnitten. Wenn man die einzelnen Barthaare aneinander stückelt, dann ergäbe das eine Entfernung, die von hier (Standort des Barbiers) bis Frankfurt (Stadt der Wahl einsetzen) reicht."

Ein Bäcker könnte die Menge an Rohmaterial zählen, ein Baumeister die aufeinander geschichteten Ziegel. Wenn man das Ganze dann noch bildhaft und humorvoll umsetzt, ergibt das ggfs. einen Post, der die Leser zum Staunen bringt.

44. Produktextreme

⏲⏲ €

Sie könnten Ihr Produktsortiment auch anhand seiner Extreme vorstellen und so eine ganz andere und somit abwechslungsreiche Produktpräsentation machen. Welche Extreme es sind, hängt natürlich auch ganz von der Art der Produkte ab, die Sie herstellen bzw. verkaufen. Das größte, kleinste, dickste, dünnste, schnellste, langsamste, billigste, teuerste, älteste oder jüngste ... lassen Sie Ihre Phantasie spielen.

Bei Samsonite – dem führenden Hersteller von Reisegepäck, für den ich lange Jahre tätig war – wurden von Händlern regelmäßig Belastungstests gemacht (ein Mensch, der auf einen Koffer springt) und fotografiert oder auch gefilmt, um die Botschaft „der stabilste Koffer" zu kommunizieren – eine Idee aus der Kategorie „Produktextreme".

45. Rekordversuche

⏲⏲⏲ €€

Die Idee mit den Produktextremen können Sie auch noch weiterspinnen und Rekordversuche in Zusammenhang mit Ihren Produkten und Dienstleistungen inszenieren und dokumentieren.

- Bierkisten, die von einer Brauerei zu einem rekordverdächtigen Stapel aufeinander geschlichtet werden.

- Das Massagestudio, das einen 24-Stunden-Massagemarathon bestreitet.

- Ein Friseur, der die meisten Haarschnitte nonstop macht.

- Der Vortragsredner, der einen Redemarathon abhält.

Solche Rekordversuche bieten sich natürlich für ein Live-Streaming auf sozialen Medien an. Egal, ob der Rekordversuch gelingt oder nicht, Sie schaffen so in jedem Fall eine Menge spannenden und oft auch humorvollen Content. Dabei ist natürlich zu bedenken, dass das eine Content-Idee ist, die deutlich mehr Aufwand und Arbeit mit sich bringt, die diesen Aufwand aber absolut wert sein kann.

46. Produkt an unterschiedlichen Orten

⏲⏲€

Ihre Produkte können natürlich auch an unterschiedlichsten – am besten ungewöhnlichen – Orten gezeigt werden. Das bietet sich vor allem dann an, wenn Humor in Ihren Beiträgen eine wichtige Rolle spielt. Kombiniert mit dem passenden Text kann das witzige Posts hervorbringen.

- Das Buch im offenen Kamin, brennend: „Der brandheiße neue Thriller".

- Die Sonnenbrille gefrostet in der Tiefkühltruhe: „Echt cool." ...

um nur ein paar Beispiele zu nennen. Dieser Idee folgend, könnten Sie ein Produkt auch auf Reisen mitnehmen und es vor bekannten Sehenswürdigkeiten fotografieren. Doch Sie müssen nicht unbedingt weit reisen dafür. Vor allem, wenn Sie lokaler Anbieter sind, zeigen Sie Ihr Produkt etwa vor dem Ortschild eines jeden Ortes Ihres Einzugsgebietes. „Produkt XY heute in Z." Für einen Hersteller von Teddybären, Puppen oder Ähnlichem könnte es eine sehr nette Strategie sein, den Teddy in dieser Art und Weise auf Reisen zu schicken.

47. Produkt mit unterschiedlichen Einsatzzwecken

⏲€

Oft haben Produkte verschiedene Einsatzzwecke, für die sie auch vorgesehen sind. So kann eine Schere etwa zum Schneiden von Papier, Stoff oder einer Plastikfolie verwendet werden. Produkte in all ihren Verwendungszwecken zu zeigen, ist ok, meist aber wenig aufregend. Spannend und ein echter Hingucker kann es jedoch werden, wenn Sie die Verwendungszwecke ins Extrem übertreiben.

Nehmen wir einmal etwas ganz Einfaches wie einen Bleistift. Wozu, außer zum Schreiben, kann man einen Bleistift verwenden, extrem gedacht?

- Zum Ohrenputzen
- Um sich die langen Haare hochzustecken
- Um kleinen Pflanzensetzligen Halt zu geben
- Als Waffe zur Selbstverteidigung
- Zum Sushi essen

Ich bin überzeugt, dass Ihnen noch 100 und mehr Verwendungszwecke für Bleistifte einfallen. Das wäre ausreichend Material für eine humorvolle Serie von Posts mit dem Titel „101 Dinge, die Sie mit unseren Bleistiften machen können ... aber nicht unbedingt machen sollten".

Dabei könnten Sie auch Ihre Online-Kontakte und Fans mit einbinden und sie auffordern, selbst kreativ zu sein und Fotos zu posten, die zeigen, auf welche Art und Weise sie Ihre Bleistifte verwenden.

Unter dem Titel „Will it blend?" hat blendtec, ein Hersteller von Hochleistungsmixern, eine Reihe von Videos produziert, die die Marke und seine Mixer berühmt gemacht haben.

In diesen Videos werden von den Mixern der Marke alle möglichen Dinge erfolgreich zerkleinert – Golfbälle, Smartphones, Bierkrüge – da gibt es kaum etwas, was diesen Mixern standhalten kann:

https://www.blendbest.de/will-it-blend/

48. Foto/Video-Contest mit eigenem Produkt veranstalten

⏲⏲⏲ **€€**

Das, was beim vorigen Produkt bereits angeklungen ist und sich vielleicht automatisch ergibt, dass Ihre Online-Kontakt selbst aktiv werden und posten, wie sie Ihr Produkt nutzen, können Sie natürlich auch ganz offiziell machen und die Menschen dazu auffordern. Veranstalten Sie einen Contest bezüglich Ihres Produktes. Je nach Produkt können das verschiedene Verwendungsarten, Orte oder auch Varianten (bei Produkten mit Gestaltungsmöglichkeiten) sein.

- Geländefahrzeuge im Geländeeinsatz – je extremer desto besser
- Lockenstäbe – die kreativsten Frisuren, die Kundinnen mit dem Produkt machen
- Werkstoffe – was können Kunden aus bzw. mit Epoxidharz alles an Kreativem und Schönem machen?

Bergzeit, ein Anbieter von Wanderausrüstung, hat im Zusammenhang mit den Corona-Ausgangsbeschränkungen unter dem Motto „Bergzeit daheim" die Webseitenbesucher aufgerufen, Fotos einzusenden, die sie zeigen, wie Sie die Produkte zu Hause einsetzen. https://bit.ly/3ifvY84. Das Ergebnis: Eine Vielzahl von kreativen und humorvollen Bildern und Material für eine Unmenge Posts.

49. Produktrezensionen

⏲⏲ €

Produktrezensionen von Kunden und Benutzern lassen sich sehr gut als Beiträge z. B. auf sozialen Medien verteilen. Nicht nur, dass Sie damit weiteren, sinnvollen Content schaffen, sondern gleichzeitig sind diese Fürsprecher für Ihre Produkte und Leistungen auch sehr viel glaubwürdiger, als wenn nur Sie als Anbieter Gutes über Ihre Produkte sagen.
Rezensionen sind vor allem dann umso besser (vorausgesetzt natürlich, sie sind positiv), wenn der Rezensent mit Namen, noch besser mit Beruf, Wohnort und vielleicht sogar Foto angeführt wird. Dadurch wird die Glaubwürdigkeit der Rezension nochmals deutlich gesteigert.

Nutzen Sie Tools und Plattformen wie:

- Proven Expert
- Trusted Shops
- Google
- Facebook
- Ebay, Amazon und andere Shops (wenn Sie Ihre Produkte dort anbieten)

und fordern Sie Ihre Kunden auf, Rezensionen zu hinterlassen.

Unabhängig von solchen Bewertungsplattformen können Sie natürlich auch all Ihre Kunden dazu auffordern, Ihnen ein schriftliches Feedback zu geben bzw. eine Rezension zu hinterlassen. Damit das auch passiert, ist es wichtig, die Frage nach der Rezension als Teil des Nachkaufprozesses standardisiert einzubauen. Auch kurze Videorezensionen von Kunden bzw. Teilnehmern (wenn Sie Events verkaufen) sind absolut machbar und ergeben wunderbare Beiträge für Ihre Online-Kanäle.

50. Produkttests und -vergleiche

⏲⏲⏲ €€

Es gibt Produkttests bzw. -vergleiche, die von Institutionen, Webseitenbetreibern oder auch fachlich versierten Bloggern regelmäßig durchgeführt werden. Wenn Ihr Produkt bei einem solchen Test dabei ist und gut abschneidet, sollten Sie das natürlich auf all Ihren Kanälen publizieren.

Doch Sie können Tests und Vergleiche auch selbst durchführen, dokumentieren und die Ergebnisse als Basis für Postings nehmen. Dabei ist eine gute Dokumentation und hohe Glaubwürdigkeit besonders wichtig.

In diesem Zusammenhang sei nochmals auf das Beispiel von blendtec verwiesen, das ich vorhin erwähnt habe. Allein diese Mixertests haben für eine riesige Reichweite gesorgt und das – exzellente – Produkt rasch bekannt gemacht.

E.

Kunden

Ihre Kunden sollten Sie unbedingt in Ihr Content-Konzept miteinbeziehen. Wie im vorangegangenen Abschnitt schon in ein paar der Ideen für Content erwähnt, gibt es etliche Möglichkeiten, wie Ihre Kunden Sie bei der Produktion von Inhalten für Ihre digitalen Kanäle unterstützen können. In diesem Abschnitt finden Sie noch einige weitere Ideen dafür.

Aussagekräftige und glaubwürde Referenzaussagen zu erhalten, ist an sich nicht schwierig, sondern vor allem eine Frage der systematischen Umsetzung. Wenn Sie die Bitte um ein Referenzstatement in Ihren Nachkaufprozess standardmäßig einbauen, werden Sie mehr als genug guter Aussagen erhalten, die Sie für Ihre Online-Kanäle nutzen können.

51. Kundenreferenzen

⏲⏲ €

Referenzaussagen von zufriedenen Kunden sind ein bewährtes Marketinginstrument. In der digitalen Welt haben Sie damit noch mehr Möglichkeiten als nur offline.

- Holen Sie schriftliche Kurzstatements von zufriedenen Kunden ein und veröffentlichen Sie diese – am besten mit einem Bild des Kunden, seinem Namen und ggfs. auch seinem Beruf, um die Glaubwürdigkeit der Aussage zu steigern.

- Produzieren Sie ein kurzes Video mit einem kurzen Statement eines Kunden. Das ist vor allem im Rahmen von Veranstaltungen einfach und effizient umsetzbar.
  Dort können Sie gleich mehrere solcher Videostatements in kurzer Zeit erstellen. Theoretisch könnten Ihre Kunden selbst auch Referenzstatements auf Video aufnehmen und Ihnen zukommen lassen. Die Praxis zeigt, dass es zuverlässiger funktioniert, wenn Sie die Produktion selbst in die Hand nehmen.

52. Interviews

⏲⏲ €

Interviewen Sie Ihre Kunden zu einem Thema, das in Verbindung mit Ihren Produkten und Dienstleistungen steht.
Dabei geht es nicht darum, eine Kundenrezension oder positives Feedback zu Ihren Produkten zu erhalten. Diese Art von Interview ist weiter gefasst.
Ein Hersteller von Ziegeln zum Beispiel könnte Bauherren interviewen und sie nach Fehlern, die sie oder einer der Dienstleister im Bauprojekt gemacht haben, fragen, und danach, was sie daraus gelernt haben, ohne dabei die eigenen Produkte überhaupt anzusprechen.

Damit solche Interviews nicht einfach nur „ein uninteressantes Gespräch" werden, gilt es, vorher das Thema ganz genau zu definieren und spannende Fragen vorzubereiten. Auch die ungefähre Dauer sollte im Voraus festgelegt sein. Dabei kann es – je nach Ziel und Kanal – sehr kurze Interviews von nur wenigen Minuten geben oder aber auch Konzepte, im Rahmen derer Interviews von einer Stunde und mehr geführt werden. „Zu lange" gibt es in diesem Zusammenhang nicht, sondern nur „zu uninteressant“ oder „zu lange für einen bestimmten Kanal“.

Deutschlands führendes Unternehmermagazin Impulse nutzt diese Strategie intensiv, um Kunden in den Vordergrund zu stellen. Diese werden zu Themen interviewt, die inhaltlich für die anderen Kunden interessant sind, und als Podcast online gestellt. Dieser Podcast wird zusätzlich als Videoformat abgespeichert und über Social-Media-Kanäle promotet.

https://bit.ly/3ieLEs0

53. Tipps, Tricks und Hacks

⏲⏲ €

Kunden verwenden Ihre Produkte viel öfter und intensiver als sie selbst und wissen teilweise besser darüber Bescheid als der Verkäufer oder Hersteller. Es ist erstaunlich, wie viele Tipps, Tricks und Hacks zu bestimmten Produkten und Anbietern existieren. Wenn man etwa den Suchbegriff „Ikea Hacks" bei Google eingibt, so werden mehr als 34 Millionen Ergebnisse angezeigt. In diesem Fall geht es oft darum, was man mit Ikea-Möbeln noch alles machen kann bzw. wie man diese einfach umbauen und so die Verwendung verbessern bzw. erweitern kann.

Doch bei solchen Tipps, Tricks und Hacks kann es auch um andere Themen gehen:

- kleine, einfache Reparaturen selbst durchführen,
- Tipps für die Reinigung und Pflege,
- Tipps für die raschere, einfachere Verwendung,

um nur ein paar Beispiele zu nennen.

Sie können solche Tipps nicht nur sammeln, in Ihren Online-Kanälen weiterverteilen und für eigenen Content nutzen, sondern Ihre Kunden und Nutzer sogar aktiv auffordern (ggfs. im Rahmen eines Wettbewerbs), Ihnen Tipps zuzusenden bzw. diese auf ihren eigenen Kanälen zu posten.

Sie sollten dafür sinnvollerweise eigene Hashtags nutzen. Auch auf Facebook etwa finden sich bei einer raschen Suche nach Fotos mit dem Hashtag #ikeahacks jede Menge Bilder, die von Kunden und Nutzern gepostet wurden. Auf Plattformen wie Pinterest können Sie dafür auch eigene Pinnwände oder sogar Gruppen einrichten.

54. Kundenfotos

⏲⏲ €

Fotos von zufriedenen, glücklichen Kunden sind natürlich der Klassiker schlechthin, auf den Sie keinesfalls verzichten sollten.

- Der stolze Autobesitzer bei der Übergabe seines neuen Fahrzeugs
- Die Familie vor ihrem neuen Haus (hier bietet sich natürlich auch die Idee an, den ganzen Prozess als „Making of" zu dokumentieren)
- Die Urlauber mit einem Selfie vor dem Strandhotel (das sie wie vereinbart auf der Facebookseite des Reisebüros posten)

Auch Friseure könnten das nach getaner Arbeit machen. Die Möglichkeiten in dem Bereich sind nahezu grenzenlos.

55. Promifotos

⏲ ⏲ €

Haben Sie prominente Kunden? Wenn ja, dann sollten Sie – ohne aufdringlich zu sein – natürlich alles daransetzen, diese irgendwie in Ihren Content einzubauen. Die einfachste Strategie dabei ist es, sich selbst mit dem Promi bzw. den Promis im oder vor Ihrem Unternehmen zu fotografieren und das mit ein paar Zeilen Text zu posten.

Das wird speziell von Gastronomen traditionell häufig gemacht. Die Wände mancher Hotels, Restaurants und Bars sind voll von solchen Bildern, meistens allerdings nur analog und damit mit einer sehr geringen Reichweite. Wenn Sie solche Bilder bereits haben, ist es die einfachste und naheliegendste Strategie, diese zu digitalisieren und zu posten. Wenn Sie viele haben, dann machen Sie daraus eine Serie.

Nicht nur, dass diese Strategie gerne gesehene Beiträge ergibt, die hohe Reichweiten erzeugen können. Zusätzlich werten diese Ihr Image auch extrem auf. Erfolg färbt ab. Wenn Sie sich mit Prominenten zeigen, werden Sie selbst im Laufe der Zeit prominent. Durch diesen Effekt ist so mancher Gastwirt selbst zum Promi geworden und genießt einen höheren VIP-Status als manche seiner prominenten Gäste.

Eine kleine Variante dieser Strategie wird von Rednern, Experten aller Art und Menschen in Kunst und Kultur genutzt. Man zeigt sich – idealerweise auf Foto festgehalten – mit Prominenten, ohne dass diese Kunden wären. Da werden Promis auf Events angesprochen und um ein gemeinsames Selfie gebeten.

Der Wunsch wird auch immer wieder mal erfüllt und die Strategie „Zeig dich mit Promis und du wirst selbst prominent“ funktioniert durchaus.

Paul Misar, Unternehmer und Immobilieninvestor, verfolgt diese Strategie und ist immer wieder auf Fotos mit sehr bekannten Persönlichkeiten (hier mit Richard Branson) zu sehen (Abb. S. 72):

56. Die ausgefallensten Kundenwünsche oder -anfragen

⏲ ⏲ €

In manchen Branchen gibt es ausgefallene bis kuriose Kundenwünsche. Wenn das bei Ihnen immer wieder der Fall ist, dann sollten Sie diese (im Normalfall anonymisiert) sammeln und auf Ihren Online-Kanälen nutzen. Auch für eine Serie hätte diese Idee Potenzial, wenn Sie häufig mit solchen Kundenwünschen konfrontiert sind.

57. Kundenbeschwerden

⏲ ⏲ €

Eine Idee, die etwas Mut und viel Fingerspitzengefühl erfordert, ist es, Beschwerden von Kunden zu posten. Das ist dann eine gute Idee, wenn es entweder witzige und kuriose Beschwerden sind (ohne den Kunden bloßzustellen, natürlich), oder Sie die Beschwerde mit einer Lernerfahrung für Ihr Unternehmen verknüpfen und aufzeigen, wie Ihnen diese Beschwerde geholfen hat, besser zu

Paul Misar mit Richard Branson und Paul Misar
6. April 2014 ·

Hab Euch hier noch ein Foto von Richard Branson und mir unterschlagen - aufgenommen hinter der Bühne nach meinem und unmittelbar vor seinem Auftritt bei LIGHT THE FIRE - Woodstock für Unternehmer in Hamburg.

und 19 weitere Personen

https://bit.ly/2C2LZP8

werden. Sie können in diesem Fall sogar noch einen Schritt weitergehen und den Kunden als „Unternehmensberater“ ehren und ihm einen Preis für den „Verbesserungsvorschlag“ des Monats oder der Woche übergeben.

58. Danke sagen

⏱ €

Auch ein einfaches Dankeschön kann Material für einen Post sein. So könnten Sie sich in einem Social-Media-Post bei den Kunden bedanken, die heute oder diese Woche bei Ihnen gekauft bzw. Ihre Dienstleistung in Anspruch genommen haben. Bei einem Autohändler wäre diese Strategie durchaus vorstellbar, einem Arzt würde ich sie definitiv nicht empfehlen.

59. Vorher/Nachher

⏱ ⏱ €

Sehr beliebt und oft auch sehr wirksam sind sogenannte Vorher/Nachher-Fotos. Fitnesstrainer, Ernährungsberater, Friseure, Barbiere, Autospengler, Gärtner, Renovierer, Maler, Stilberater, Kosmetiker und Schönheitschirurgen sind nur ein paar Beispiele für Berufe, die diese Strategie, um Content zu schaffen, nutzen können und oft auch nutzen.

Es gibt wenig, was überzeugender ist, als der fotografische Beweis (idealerweise verbunden mit einer Aussage des Kunden, ggfs. auch als Video) wie positiv sich eine Dienstleistung auf einen Kunden ausgewirkt hat. Teilweise lässt sich auch diese Idee optimal mit einem „Making of“ verbinden, um noch mehr Content daraus zu kreieren. Lukas Grigorescu, Personal Trainer und Fitnessexperte (www.progressive-training.at), demonstriert mit solchen Bilder immer wieder eindrucksvoll die Wirksamkeit seiner Trainingsmethoden:

https://bit.ly/30z9SY5

60. Kundenposts teilen

⏲ €

Sie sollten Ihre Kunden auch auf Ihrem Online-Radar haben. Wie bereits erwähnt, ist Google Alerts ein Tool, das Sie dabei unterstützt. Aber auch in den sozialen Medien empfiehlt es sich, Kundenseiten zu liken bzw. sich mit Kunden zu verbinden und deren Beiträge immer wieder zu liken.

Das stellt sicher, dass Sie diese auch öfter gezeigt bekommen. Sie können auch einen Schritt weitergehen und passende Beiträge Ihrer Kunden teilen und so zusätzlichen Content für Ihre Kanäle schaffen. Darüber hinaus wird es Ihre Kunden freuen, wenn Sie sie unterstützen, ihre Reichweite zu vergrößern.

61. Kunde des Monats

⏲⏲ €

Wie bei den Mitarbeitern kann es auch einen „Kunden des Monats" geben. Nach welchen Kriterien Sie diesen küren, gilt es festzulegen.

Ein paar Ideen dazu:

- Derjenige, der am meisten gekauft hat
- Derjenige, der als erster ein neues Produkt oder eine neue Dienstleistung gekauft hat
- Der, der von Ihren Mitarbeitern in einer geheimen Wahl zum Kunden des Monats gekürt wurde
- Derjenige, der am öftesten da war (in Gaststätten z. B.)

Bei der Auswahl sollten Sie jedenfalls mit viel Fingerspitzengefühl vorgehen. Die übrigen Kunden sollen sich dabei ja nicht übergangen oder benachteiligt fühlen.

62. Neukunden des Monats

⏲⏲ €

Etwas abgewandelt könnten Sie die vorherige Idee auch so einsetzen, dass Sie alle neuen Kunden bzw. alle neuen Mitglieder (in einem Club, Fitnesscenter etc.) vorstellen.

63. Geburtstage

⏲ €

Auch Kundengeburtstage lassen sich natürlich digital feiern, wenn Sie die Daten kennen. Die sozialen Medien, die täglich an die aktuellen Geburtstage erinnern, machen die Umsetzung dieser Idee sehr viel einfacher.

In der einfachsten Form ist der Glückwunsch ein kurzer Textpost auf dem Social-Media-Profil bzw. der Seite des Kunden. Sie könnten aber auch einen eigenen Post auf Ihrem Profil machen, in dem Sie dem Kunden Ihre Glückwünsche überbringen und ihn markieren, damit er das auch mitbekommt.

Ein Warnhinweis an dieser Stelle: Es gibt eine Reihe von Selbstständigen und Unternehmern, die Geburtstagsglückwünsche dazu nutzen, um ein „Pseudo Geschenk“ (meist ein E-Book, eine kostenlose Erstberatung etc.) zu überreichen. Diese „Geschenke“ sind in den meisten Fällen nur eine Verkaufsaktivität und oft Dinge, die man auf der Seite des Gratulanten ohnehin immer erhält.

Dementsprechend negativ werden diese „Geschenke“ vom Geburtstagskind oft auch wahrgenommen. „Man merkt die Absicht und ist verstimmt“, wie es so schön heißt.

Dabei ist nichts gegen Geschenke an sich zu sagen, doch es sollten echte Geschenke sein. Doch besser und einfacher umsetzbar als echte Geschenke sind kreative, humorvolle und vor allem ganz schlichte Glückwünsche.

64. Namenstage

⏲ **€**

In Ermangelung von Geburtstagsdaten (oder auch zusätzlich zum Geburtstagsglückwunsch) können Sie Namenstage nutzen, um kreative Posts damit zu machen. So könnten Sie einen täglichen Namenstagspost machen und all jene Personen markieren, die in Ihrem Netzwerk diesen Namen tragen.

Glückwünsche zum Namenstag, vielleicht sogar mit einer kurzen Info, wo dieser Name herkommt und was er ursprünglich bedeutet, sind im Grunde spannender als Geburtstagswünsche, weil kaum jemand zum Namenstag gratuliert und Sie so sehr viel mehr auffallen.

65. T-Shirt mit Kundenlogo

⏲⏲⏲ **€€**

Eine recht ausgefallene Idee hat der US-Amerikaner Jason Sadler umgesetzt. Er hat ein ganzes Jahr lang jeden Tag ein anderes T-Shirt eines Unternehmens getragen und damit bekleidet auf Social Media von seiner Aktion und aus seinem Alltag berichtet. Er hat daraus sogar ein Geschäftsmodell gemacht, indem er seine Tage verkauft hat.

Die Reichweitenwirkung war beachtlich. Details zu dieser Aktion und weiteren, noch ausgefalleneren des Autors finden Sie im Buch „Creativity for sale“: https://amzn.to/32k3umG (Als Amazon-Partner verdiene ich an qualifizierten Verkäufen.)

66. Persönliches von Kunden

⏲⏲€

Ohne alles wiederholen zu wollen, soll darauf hingewiesen sein, dass Sie viele der Ideen aus dem Bereich „Persönliches“ auch auf Kunden übertragen können.

Auch Kunden können Sie fragen ...

- nach Ihren Vorlieben und nach dem, was sie nicht mögen,
- nach Ihren Lieblingsmusikern und -autoren,
- nach Ihren Lieblingsgerichten,
- wohin sie in den Urlaub fahren werden

und vieles mehr. Gehen Sie am besten die Content-Ideenliste im Kapitel „Persönliches“ noch einmal durch und prüfen Sie die Ideen dort auf Übertragbarkeit auf Ihre Kunden.

F.

Lieferanten

Lieferanten sind für viele Unternehmen enorm wichtige Partner, was den Erfolg ihres Unternehmens angeht. So betrachtet liegt es nahe, diese auch in die Erstellung von Content mit einzubeziehen. Erstens ergeben sich daraus eine Menge neuer, kreativer Ideen und zweitens macht es Sie als Unternehmen sympathisch, wenn Sie nicht immer nur über sich und die eigenen Produkte und Leistungen berichten, sondern auch andere in den Vordergrund stellen. Im Prinzip können Sie viele, wenn nicht fast alle Ideen und Strategien, die in anderen Bereichen wie Persönliches, Mitarbeiter, Produkte und Kunden aufgelistet wurden, sinngemäß auch auf Ihre Lieferanten anwenden.

Sie können diese Schritt für Schritt durchgehen und jene Ideen übernehmen, die aus Ihrer Sicht auch auf Ihre Lieferanten und artverwandte Partner (wie Banker etc.) anwendbar sind.

67. Diverse Ideen für Lieferanten

⏲⏲ **€**

Ein paar Beispiele dazu, die sich besonders gut dafür eignen könnten (ohne alles wiederholen zu wollen):

- Making of – Binden Sie die Teile des Produktionsprozesses, die bei Ihren Zulieferern passieren, in Ihr „Making of" mit ein.
- Mitarbeiter des Lieferanten vorstellen, vor allem dann, wenn es für Sie wichtige Kontaktpersonen sind.
- (neue) Produkte und Leistungen des Lieferanten vorstellen
- Geburtstage und Namenstage der Mitarbeiter des Lieferanten
- Besondere Leistungen, die der Lieferant für Ihr Unternehmen erbracht hat, publizieren (extrem rasche Lieferung in einem technischen Notfall, persönlicher Einsatz, etc.)
- News zum Lieferanten (z. B. Auszeichnungen und Preise, die gewonnen wurden)

Vor allem dann, wenn Ihr Lieferant eine ähnliche Strategie wie Sie verfolgt, was Content-Marketing und Online-Präsenz betrifft, können Beiträge über Lieferanten sehr ergiebig und erfolgreich sein.

Mit gemeinsamer, koordinierter Kraftanstrengung lassen sich sehr viel einfacher deutlich mehr Aufmerksamkeit und Reichweite für beide Unternehmen erzielen.

Eine nette Idee Lieferanten in Szene zu setzen hat Gesundheitsexpertin Bernadette Bruckner umgesetzt. Sie hat das Fotoshooting genutzt, um den Fotografen, der sie ins Bild gesetzt hat ebenfalls „ins Bild" zu setzen.

Dieser Post hatte zur Folge, dass einige weitere Personen den Fotografen buchen wollten und zeigt damit, wie wirksam gut platzierte Beiträge sein können.

https://bit.ly/3kc3RZf

G.

Orte, Räume und Gebäude

Nicht nur dort, wo sich das Business um Räume dreht – in der Reisebranche, bei Hotels, in der Architektur, im Interior Design, in der Möbelbranche oder der Baubranche etwa – sondern auch in Branchen, die mit Räumen an sich gar nichts zu tun haben, können Orte, Räume und Gebäude als Grundlage und Ideenpool für Online-Content dienen. Ein paar Beispiele dazu im Folgenden.

Dabei ist es natürlich wichtig, nicht allzu weit abzuschweifen, sondern immer darauf zu achten, dass ein erkennbarer und leicht nachvollziehbarer Zusammenhang zwischen dem, was Sie posten, und dem, was Sie geschäftlich tun, besteht.

68. Standorte

⏲⏲ €

Sie können schöne und sympathische Inhalte kreieren, wenn Sie Informationen zu Ihrem Standort oder Ihren Standorten (wenn Sie mehrere haben) bringen. Ein Berliner Unternehmen, das auch eine Niederlassung in Wien, eine in Budapest und eine in Mailand hat, kann dem Online-Netzwerk Land, Kultur, Feste, Leute, Sehenswürdigkeiten, Essen und vieles mehr der jeweiligen Standorte in Form von Beiträgen und Beitragsserien näherbringen.

Doch auch, wenn das Berliner Unternehmen keine weiteren Standorte, aber Kunden in verschiedenen Gegenden oder sogar Ländern hat, kann es Berlin und seine Besonderheiten nutzen, um daraus Inhalte für die Online-Kanäle zu erschaffen.

69. Das Unternehmen selbst

⏲ €

Das oder die Gebäude, in denen das Unternehmen angesiedelt ist, oder auch das ganze Gelände kann den potenziellen Lesern und Sehern vorgestellt werden. Dabei kann es sich um Ihre Büros, Produktionsstätten oder auch Lagerhallen und -plätze handeln.

Es geht nicht darum, dass das etwas besonders Sehenswertes sein muss. Auch ganz „normale" Büros können die Neugierde Ihrer Online-Kontakte befriedigen und gerne gesehen werden.

Sie können das in Form von Fotos machen oder auch per Video einen Rundgang durch die Firma filmen. Natürlich lässt sich das wieder sehr gut mit einem „Making of" verbinden und die Mitarbeiter können wunderbar in solche Beiträge eingebunden werden.

70. Besonderheiten des Gebäudes

⏲⏲ €

Hat das Gebäude bzw. haben die Räumlichkeiten, die Sie für Ihr Unternehmen nutzen, irgendwelche Besonderheiten, die berichtenswert wären? Solche Besonderheiten könnten z. B. sein:

- eine besondere Geschichte
- nachhaltig ökologische Energieversorgung

- ein spezielles, von (berühmten) Architekten gestaltetes Design
- ein ungewöhnliches Raumkonzept
- spezielle Materialien, die beim Bau verwendet wurden (z. B. nur ökologische, natürliche Baustoffe)
- Räumlichkeiten, die auf ein neuartiges Raumnutzungskonzept bzw. eine andere Art zu Arbeiten abgestimmt sind (Meetingräume mit Sitzkissen am Boden statt Stühlen, flexible Arbeitsplätze / Desk Sharing, Stehtische zum Arbeiten, Kreativbereiche mit Legosteinen etc.)
- etwaige Preise, die für das Gebäude gewonnen wurden
- Rekorde wie: das höchste Bürogebäude der Stadt, das Haus mit den niedrigsten Energiekosten etc.

Was immer Ihre Räume und Ihr Gebäude in dieser Hinsicht zu bieten haben, Sie können darüber berichten.

71. Umzüge, Neubauten und Umbauten

⏲ €

Umzüge in neue Räumlichkeiten oder an neue Standorte und Umbauten sowie Neubauten sind natürlich ein Muss, über das Sie berichten sollten.

Größere Projekte in diesem Zusammenhang lassen sich auch wieder als „Making of" verarbeiten. Auch Vorher/Nachher-Fotos im Zuge von Umbauten und Renovierungen von Räumlichkeiten und Gebäuden sind etwas, das sich für den einen oder anderen Post sehr gut nutzen lässt.

H.

Dinge

Dinge, über die Sie berichten, können auch alle möglichen Sachen sein, die mit Ihren Produkten nicht direkt etwas zu tun haben. Private wie berufliche Dinge erhalten vor allem dann einen Wert für Ihr Content-Marketing, wenn es Ihnen gelingt, diese emotional aufzuladen.

Meist geschieht das in Verbindung mit Menschen in Form der Ideen und Strategien, die wir in den Kapiteln über Persönliches, Kunden und Mitarbeiter besprochen haben.

72. Die wichtigsten Dinge in Ihrem Büro

€

Das könnte eine kleine Serie lustiger oder durchaus auch ernst gemeinter Posts sein – das kommt ganz darauf an, um welche Art von Dingen es sich handelt. In vielen Fällen wird es so sein, dass die lustigen bzw. emotional bedeutungsvollen Dinge für Ihre Posts mehr hergeben als die rein zweckmäßigen.

Ein gutes Beispiel dafür ist der NO-Button, der auf meinem Schreibtisch steht und gute Dienste im Business leistet (S. 85):

73. Ihre Lieblingsdinge

€

Diese Liste von Dingen muss sich natürlich nicht auf Ihr Büro beschränken. Warum nicht eine Liste von generellen Lieblingsdingen auch aus dem privaten Bereich posten?

Sie könnten diese Listen auch für mehrere, ganz unterschiedliche Bereiche machen, wie zum Beispiel:

- beim Sport
- beim Essen
- für den Urlaub
- für die Weihnachtsfeiertage
- für das Wochenende
- für Ihre Hobbies
- die Lieblingsdinge Ihres Hundes oder Ihrer Katze

Die Möglichkeiten, die sich daraus ergeben, sind wirklich vielfältig.

74. Lieblingsdinge Ihrer Kunden, Fans und Mitarbeiter

€

Dasselbe Konzept der Lieblingsdinge können Sie mit Ihren Kunden oder Mitarbeitern umsetzen. Jeden Tag liefert eine andere Person eine Liste mit ihren Lieblingsdingen, die Sie posten.

Roman Kmenta
21. Juni um 18:42 ·

Cooles Teil - gerade wiederentdeckt! - Eines der wichtigsten Dinge im Business! - Hör es dir an und du weißt warum 😉

26 · 10 Kommentare · 1 Mal geteilt

https://bit.ly/33wFLCt

I.

Branche

Die Branche, in der Sie tätig sind, birgt einen riesigen Pool an Informationen, die Sie in Material für Ihr Content-Marketing umwandeln können. Nicht alle Branchen sind gleichermaßen interessant für die Kunden bzw. andere Zielgruppen wie zukünftige Mitarbeiter oder die Öffentlichkeit. Ob Ihre Branche dafür geeignet ist bzw. welche Brancheninformationen interessant sein können, gilt es vorab zu entscheiden.

75. News aus der Branche

⏲ ⏲ €

Das Thema „News aus der Branche" könnte in einer regelmäßigen Serie verarbeitet werden. Dafür sollten Sie vorab festlegen, über welche Arten von Neuigkeiten Sie berichten wollen. Ansonsten kann das sehr schnell ausufern und dann wirr und konzeptlos erscheinen. Konzentrieren Sie sich auf bestimmte Neuigkeiten wie z. B.

- neue Produkte
- neue Technologien
- personelle Veränderungen in der Branche

Dass Sie im Zuge dessen auch über Mitbewerber berichten würden, mag verständlicherweise zuerst seltsam erscheinen. Doch genauer betrachtet kann das schon sehr viel Sinn machen. Sie könnten sich so als der Experte positionieren, der nicht nur über seine Produkte und Leistungen Bescheid weiß, sondern umfassenderes Wissen als die übrigen Anbieter hat.

76. Branchenbarometer

⏲ ⏲ €

Die Idee eines Branchenbarometers knüpft an die vorige an. Sie ist sozusagen eine spezielle Variante davon. Dabei geht es darum, gewisse Kennzahlen regelmäßig in kurzer Form zusammenzufassen und in Form von Tabellen, Beiträgen oder auch Grafiken (eine sehr empfehlenswerte Variante) online zu verteilen.

Diese Kennzahlen können Sie aus offiziellem, existierendem Zahlenmaterial abrufen oder auch selber erheben. Eine regelmäßige Umfrage zu Branchenzahlen oder Themen etwa digital automatisiert zu machen, ist sehr wenig Aufwand und bringt vor allem Inhalte, die nur Ihnen zur Verfügung stehen.

77. Influencer interviewen/befragen

⏲ ⏲ €

In den meisten Branchen gibt es Influencer – Menschen mit großer Reichweite, vielen Fans und Followern und viel digitaler Aufmerksamkeit auf ihren Kanälen.

Diese Influencer lassen sich ihre Dienste, um Werbung für ein Produkt oder eine Dienstleistung zu machen, inzwischen gut bezahlen.

Doch nicht alle. Es gibt durchaus immer noch eine Menge Influencer, die ihr Geld mit anderen Dingen verdienen und ihre Reichweite nur für Marketingzwecke für die eigenen Produkte und Dienstleistungen nutzen.

Das müssen auch nicht unbedingt diejenigen mit den 100.000en oder Millionen Fans sein.

Oft können auch Personen mit ein paar Tausend Online-Kontakten, die in einer Nische oder einem speziellen Bereich fokussiert sind, großen Einfluss ausüben.

Abgesehen von bezahlter Werbung können Sie sich diese Influencer z. B. auch anderweitig zunutze machen. Sie können sie zu bestimmten Themen interviewen und dieses Interview auf Ihren Kanälen online stellen. Die Chance ist sehr groß, dass der Influencer Ihren Post bzw. Beitrag auch in seinem Netzwerk teilt.

So könnten Sie als Reiseveranstalter etwa eine Beitragsserie zu asiatischen Reisezielen machen und zu diesem Zweck eine Reisebloggerin über Vietnam interviewen. Diese wiederum verdient ihr Geld, indem sie über den Blog ihre Bücher verkauft. Sie kann ihr neuestes Buch „Insider-Reiseziele in Vietnam" im Interview unterbringen und profitiert von der Reichweite, die Sie durch das Interview auf Ihren Kanälen erhält. Ein praktisches Beispiel für diese Strategie, bei der beide gewinnen.

Zum Thema Influencer-Marketing wurden ganze Bücher geschrieben. Es ist ganz sicher ein ergiebiges Thema, mit dem Sie sich auch noch näher beschäftigen und es zum Teil der Content-Marketing-Strategie für Ihr Unternehmen machen könnten.

J.

Ehrungen, Auszeichnungen und Preise

Ehrungen und Auszeichnungen sind in zweierlei Hinsicht interessant für Ihr Content-Marketing. Einerseits diejenigen, die Sie, Ihr Unternehmen oder Ihre Produkte erhalten, andererseits aber auch jene, die Sie vergeben.

78. Ehrungen und Auszeichnungen, die Sie erhalten

⏲⏲ **€**

Auszeichnungen und Preise, die Sie erhalten, sind allemal einen oder sogar mehrere Posts wert. Sie können nicht nur die Übergabe des Preises und den Preis selbst (wenn es ein physisches Ding ist) fotografisch oder filmisch dokumentieren, sondern daraus auch eine kleine Story für Ihre Online-Kanäle machen.

Sie posten z. B. zuerst das Werk, für das Sie sich um den Preis bewerben, dann die Einreichung, danach die Tatsache, dass Sie nominiert wurden ... bis hin zur Preisverleihung und -übergabe.

Wenn die Übergabe in Form einer Veranstaltung stattfindet, können Sie dabei natürlich noch sehr viel mehr Inhalte für Ihre digitalen Kanäle herausholen.

Interviews mit Teilnehmern, eine Menge Fotos von Menschen oder auch einen Beitrag über die anderen Preisträger – alles ist möglich, muss aber gut geplant werden, technisch wie inhaltlich.

79. Ehrungen und Auszeichnungen, die Sie vergeben

⏲⏲⏲ **€€€**

Ganz abgesehen von den bereits erwähnten Mitarbeiter-des-Monats- oder Kunde-des-Monats-Auszeichnungen, die Sie vergeben und daraus Inhalte für Ihre Kanäle machen können, besteht natürlich auch die Möglichkeit, dass Sie Wettbewerbe ins Leben rufen oder Preise verleihen. Das kann natürlich sehr viel mehr Aufwand bedeuten, bringt aber auch sehr viel mehr Material.

Der Aufwand, den Sie haben, um einen eigenen Preis zu verleihen, rechnet sich für Sie vor allem dann, wenn Sie diesen Award nicht nur einmal vergeben, sondern daraus ein wiederkehrendes, z. B. jährliches Ereignis machen.

Durch die gesammelten Erfahrungen sinkt der organisatorische Aufwand bei jeder Wiederholung und gleichzeitig steigt die Bekanntheit des Awards und damit der Nutzen, den Sie daraus ziehen können.

Bild: Trojan Horse Award - Prof. Anlanger (Verleiher des Awards / links) mit Regina Kmenta

K.

Events

Allein aufgrund der größeren bis großen Anzahl von Menschen sind Events eine sehr ergiebige Möglichkeit, Content für Ihre digitalen Kanäle zu produzieren. Dabei sind viele der in den anderen Kapiteln angeführten Ideen umsetzbar. Beginnend mit einem Selfie von sich selbst auf dem Event, über Fotos von anderen, interessanten Teilnehmern bis hin zur witzigen Tischdeko, die als Schnappschuss perfekt für ein Posting auf Facebook oder Instagram sein könnte.

Gehen Sie diese Ideen strukturiert durch und prüfen Sie sie auf Anwendbarkeit im Rahmen des Events, das Sie besuchen bzw. veranstalten. Sie werden ganz sicher fündig werden und eine größere Anzahl von Ideen daraus erhalten.

Die folgenden Ideen sind jene, die über das in den anderen Kapiteln bereits geschriebene hinausgehen bzw. diese ergänzen.

80. Veranstaltungshinweise

⏲⏲ **€**

Inhalte aus Events zu produzieren, beginnt bereits (lange) vor der Veranstaltung, etwa in Form von Veranstaltungshinweisen, die Sie posten. Doch dabei müssen Sie sich nicht auf die Events beschränken, die Sie veranstalten oder besuchen. Es können ganz allgemein Veranstaltungen sein, die für Ihre Zielgruppe interessant sind – eigene und fremde.

Sogar die Veranstaltungen Ihrer Konkurrenz sind dabei durchaus erlaubt. Wenn Ihre Social-Media-Kanäle oder Webseite so zur ersten Anlaufstelle für Ihr Zielpublikum wird, um sich über Branchenevents zu informieren, ist das ein durchaus wünschenswerter Effekt.

Sie können daraus sogar einen richtigen, vollwertigen Veranstaltungskalender machen, der branchenübergreifend jene Events auflistet, die aus Sicht Ihrer Zielgruppe und nicht aus Sicht Ihres Produktes oder Ihrer Dienstleistung interessant sind.

Ein Modehändler könnte so z. B. auf alle lokalen Veranstaltungen hinweisen, bei denen es darum geht, besser auszusehen – Mode, Schuhe, Frisur, Kosmetik, Tattoos, Schmuck, Brillen, Abnehmen ... alles ist denkbar und erlaubt, solange es in ein schlüssiges Gesamtkonzept passt und für Ihre Zielgruppe interessant ist.

81. Veranstaltungsberichterstattung

⏲⏲ **€€**

Fotos von Veranstaltungen sind deshalb so praktisch, weil potenziell mehrere oder viele Menschen drauf sind. Wenn Sie diese nicht nur posten, sondern die Personen auch noch markieren (bei Facebook z. B.), dann erhöhen Sie die Chance auf Likes, Kommentare und auch Shares. Aber Achtung!
Machen Sie das mit Fingerspitzengefühl. Nicht jeder mag das. Vor allem, wenn es sich um Ihre eigene Veranstaltung handelt, sollten Sie die Fotos definitiv nicht alle selbst machen (müssen).

Da Sie sehr wahrscheinlich eine Menge anderer Aufgaben im Rahmen des Events haben, würde das Fotografieren zu kurz kommen.

Am Ende haben Sie dann eine tolle Veranstaltung gehabt und fast kein Material daraus für Ihre Kanäle. Natürlich werden vor allem für größere Veranstaltungen Fotografen engagiert, die den Auftrag haben, möglichst viele Teilnehmer und die wichtigsten Aktivitäten fotografisch festzuhalten. Dagegen spricht überhaupt nichts, nur ist es aus Sicht der Content-Erstellung zu wenig bzw. zu langsam.

Wenn die Veranstaltung wichtig genug für Sie ist, stellen Sie eine Person ab, die während des Events bereits dafür sorgt, dass (live) davon berichtet wird und viel Material daraus entsteht. Dabei geht es nicht nur um Fotos, sondern auch um Text, um Interviews auf Video und vieles mehr. Die technische Qualität ist dabei nicht ausschlaggebend.

Der leicht unscharfe Schnappschuss, der mit dem Smartphone erstellt und gleich auf Instagram gepostet wurde, kann Ihnen sehr viel mehr bringen, als das perfekt belichtete und nachbearbeitete Foto zwei Tage danach.

Es geht also vielmehr um eine digitale Berichterstattung von der Veranstaltung als nur um Fotos oder auch ein Video, das mitgeschnitten wird. Dafür brauchen Sie jemanden, der nicht nur technisch mit Bild, Video und Text fit ist, sondern auch auf Menschen zugehen kann (für Umfragen, Interviews etc.), sich mit Online-Kanälen, im Speziellen mit Social Media, gut auskennt und unmittelbaren Zugriff auf Ihre Kanäle hat.

82. Live-Streaming

⏲ ⏲ **€€**

Eine spezielle Version der Berichterstattung von Veranstaltungen ist es, das ganze Event live zu streamen. Das können Sie auf einem Kanal machen oder auch auf mehreren gleichzeitig. Dabei wäre es z. B. denkbar, mit einer fest installierten Kamera das ganze Event im Überblick einzufangen, gleichzeitig mit einem Smartphone auf einem anderen Kanal zu streamen und dabei in Interaktion mit den Teilnehmern zu treten (Gespräche, Interviews etc.).

Aus all dem gesammelten Material können Sie natürlich nach dem Event noch Teile herausschneiden und posten bzw. ein Event-Video erstellen, das Sie für die Wiederholung der Veranstaltung (im nächsten Jahr etwa) zu Promotionzwecken einsetzen können.

83. Ihr persönlicher Reporter

⏲ ⏲ **€€€**

Der amerikanische Social-Media-Guru Gary Vaynerchuk geht einen deutlichen Schritt weiter. Er hat seinen eigenen „Reporter", der ihn auf Schritt und Tritt begleitet und ihn permanent filmt sowie fotografiert.

Dieses Material wird dann von einem Content-Team grafisch und textlich nachbearbeitet und in Beiträge verwandelt – oft nur kleine Häppchen und Schnipsel – und im digitalen Universum verteilt. Das eingangs beschriebene Content-Recycling wird dabei in Reinkultur betrieben.

Das Ergebnis: eine unendliche Fülle von Schnappschüssen bis hin zu langen Beiträgen.

Dass sich nicht jeder seinen eigenen permanenten Reporter leisten kann bzw. will und das schon gar nicht für jeden Sinn macht, ist klar. Dennoch ist das Beispiel von Garyvee (sein Social Media Künstlername) spannend genug, um darüber nachzudenken und diese Strategie zumindest fallweise und teilweise für sich selbst einzusetzen.

84. Interviews mit Vortragenden von Veranstaltungen

€

Vortragende auf Veranstaltungen zu interviewen – am besten nach dem Vortrag, da sind sie entspannter – kann eine sehr gute Sache sein, wenn es thematisch zu Ihren Content-Marketing-Zielen passt. Oft wird viel Geld ausgegeben, damit Experten oder auch Promis auf Veranstaltungen auftreten und dort sprechen. Es kann dann allerdings ganz einfach und sogar kostenlos sein, diese für ein Interview zu gewinnen. Bei Promis und VIPs mag das etwas schwieriger sein, Experten geben aus meiner Erfahrung sehr gerne Interviews, weil es ihre eigene Reichweite vergrößert.

Markieren Sie die Interviewten unbedingt auch bei der Online-Veröffentlichung des Interviews. Diese werden Sie im Normalfall gerne dabei unterstützen, das Interview zu verbreiten, indem Sie es über ihre eigenen Kanäle verteilen.

Bei Kongressen oder Messen, wo es meist eine Vielzahl von Vorträgen gibt, können Sie daraus auch mit wenig Aufwand eine Serie machen. Wichtig ist es, dass Sie das Interview, seine geplante Dauer und vor allem die Fragen, die Sie stellen werden, vorbereiten.

Klären Sie übrigens auch vorher mit dem Veranstalter ab, dass Ihren geplanten Interviews von seiner Seite nichts entgegenspricht. Wenn Sie befürchten, dass der Veranstalter Ihren Plan ablehnen könnte, können Sie diese natürlich auch still und heimlich machen, nicht ohne vorher zu prüfen, wie hoch das Risiko ist, das Sie damit eingehen könnten.

85. Interviews mit Teilnehmern von Veranstaltungen

€

Auch Teilnehmer von Veranstaltungen können Sie natürlich interviewen. Hier ist es noch viel wichtiger, dass Sie sich ein Konzept für diese Interviews, die oft sehr kurz sein werden und nur aus ein bis drei Fragen bestehen, überlegen.

Das Konzept kann z. B. daraus bestehen, dass Sie eine einzige Frage, passend zur Veranstaltung und zu Ihren Zielen, stellen, diese aber an möglichst vielen Veranstaltungsteilnehmer richten.

Gerade, wenn es um die Interviews mit (vielen) Teilnehmern geht, sollten Sie vorher auch klären, was dabei datenschutzrechtlich zu beachten ist. Ansonsten gilt das beim vorigen Punkt Gesagte hier gleichermaßen, vor allem auch, was das Taggen/Markieren der Interviewten angeht.

86. Die besten Ideen bzw. Zitate von Veranstaltungen

⏲ €

Auf größeren Veranstaltungen mit oft vielen Vortragenden, aber auch im Rahmen eines Seminares, das ein oder zwei Tage dauert, wird viel Content produziert. Eine weitere Möglichkeit für Sie, daraus etwas für Ihre Kanäle zu machen, ist es, die besten Ideen oder auch Zitate der Vorträge und Seminarinhalte in Form von kurzen Textbeiträgen zu sammeln und zu posten. Oft ist die Kombination mit einem Schnappschuss einer Präsentationsfolie auch sehr einfach machbar. Auch hier gelten wieder die übrigen, in den vorigen Punkten erwähnten Dinge.

87. Review zum Event

⏲ ⏲ €

Aus dem vielen Material, das Sie durch die Umsetzung der vorherigen Ideen gesammelt haben, können Sie eine Zusammenfassung erstellen und daraus einen Rückblick auf das Event machen. Das kann in Form eines längeren Blogbeitrages sein oder aber auch als Video (was möglicherweise etwas mehr Aufwand ist).

88. Flashmobs

⏲ ⏲ ⏲ €€

Flashmobs bieten ein weites Feld von Möglichkeiten, um auf gewisse Themen aufmerksam zu machen. Wenn Sie selbst Veranstalter eines Flashmobs sind, ist dieser je nach Art der Umsetzung mit eher mehr Aufwand für Sie verbunden. In Perfektion wurde ein staged Flashmob hier in diesem Beispiel von der Wiener Volksoper am Westbahnhof inszeniert (https://youtu.be/PXglXeONApw), um Werbung für Carmina Burana zu machen. Ein Flashmob muss – je nach Ziel und Thema – allerdings auch nicht immer so aufwändig gemacht sein wie in diesem Beispiel.

Auch das während der Coronakrise öfter praktizierte Balkonsingen ist eine Art von Flashmob. Der Erfolg war durchschlagend. Laien, Profis, viele haben mitgemacht, um auf die mit den Ausgangseinschränkungen einhergehende Einsamkeit aufmerksam zu machen. Daraus sind auf YouTube und allen möglichen Social-Media-Kanälen eine Vielzahl von Videos und Beiträgen entstanden.

Wie könnten Sie das z. B. für eigene Zwecke nutzen, fragen Sie sich möglicherweise? Eine Musikschule könnte diese Beiträge in Verbindung mit dem eigenen Angebot posten und verteilen, ganz nach dem Motto: „Damit Sie auf die nächste Krise besser vorbereitet sind".

Natürlich gibt es sehr viel mehr zu sagen und zu beachten, was die Inszenierung von Flashmobs angeht. Das würde den Rahmen dieses Buches allerdings sprengen. Daher möchte ich den eigenen Flashmob nur als Idee an dieser Stelle stehenlassen.

Eine andere, viel einfacher nutzbare Quelle für Ihr Content-Marketing können Flashmobs sein, die andere veranstalten. Diese können Sie – ähnlich wie bei den vorhin erwähnten Veranstaltungen – nutzen, um eine Menge Content für Ihre

Kanäle zu produzieren. Die Herausforderung für Sie wird es sein, einen Flashmob zu finden, der thematisch zu Ihren Zielen passt.

89. Demonstrationen

⏲⏲⏲ **€€**

Auch Demonstrationen lassen sich für Ihr Online-Marketing sehr gut einsetzen. Sie sind eine weitere Facette der Idee, etwas in der Offline-Welt zu tun und es dann in der Online-Welt zu nutzen. Demonstrationen sind wesentlich leichter durchführbar als viele meinen.

Man braucht einen passenden Aufhänger dafür, zumindest ein paar Mit-Demonstranten, und muss die Aktion polizeilich genehmigen lassen (was überraschend einfach und unbürokratisch geht, vor allem, wenn die Aktion nicht in irgendeiner Weise gefährlich erscheint).

Ich selbst habe anlässlich des Black Friday schon mehrmals in Österreich und Deutschland Demos veranstaltet, um gegen die um sich greifenden Discountangebote, Rabatte und Billigpreise zu demonstrieren. Im Zuge der Demo haben wir mit einer kleinen Gruppe einen Sarg in Form einer Leichenprozession durch die Einkaufsstraßen von Wien und Köln getragen.

Zu Grabe getragen wurden symbolisch der hohe Wert, die Qualität, die Nachhaltigkeit und die Wirtschaftlichkeit. Das mediale Echo – online wie offline – war hoch. Und natürlich haben wir selbst eine Menge Fotos, Videos und Textbeiträge daraus produziert.

Demo mit Sarg – Roman Kmenta – Foto: Mario Pernkopf

L.

Tiere und Natur

Tiere gehören online zu den am häufigsten gelikedten und geteilten Motiven. Beiträge mit besonders süßen und knuddeligen Tieren bzw. Tierbabys oder Videos von Tieren, die seltsame oder lustige Verhaltensweisen an den Tag legen, gehen immer wieder viral in der Online-Welt und schaffen riesige Reichweiten im Bereich von Millionen.

Schon alleine aus dem Grund macht es viel Sinn, sich mit dem Thema Tiere und Natur im Rahmen Ihres Content-Marketings auseinanderzusetzen, besonders auch dann, wenn der Zusammenhang zu Ihrer Dienstleistung oder Ihrem Produkt auf den ersten Blick nicht besteht.

90. Tiere ganz allgemein

⏲ **€**

Tierfotos, vor allem lustige und besonders süße, sind immer einen Post wert, wenn Sie es schaffen, diese in Zusammenhang mit Ihrem Business zu bringen. Bei Anbietern von Tierfutter und Produkten für Haustierhalter ist das einfach und diese Strategie ein Muss. Die einfachste Vorgehensweise ist in diesem Fall, das Tier bei der Nutzung der eigenen Produkte abzubilden. Aber auch in ganz anderen Branchen und Bereichen lassen sich Tierfotos nutzen:

- Ein Wanderhotel könnte etwa Fotos von Tieren aus der lokalen Bergwelt als Beitragsserie bringen.
- Ein Hersteller von Autoreifen könnte mit Tierfotos auf den besonders kurzen Bremsweg seiner Produkte mit einem Augenzwinkern aufmerksam machen, indem er Fotos von Tieren zeigt, deren Leben die Autofahrer retten, wenn sie seine Reifen nutzen.
- Das Bürotier – der Bürohund, der Bürogoldfisch oder auch der Büropapagei – fällt wie erwähnt auch in diese Kategorie und kann zum echten Social-Media-Star avancieren.

91. Tiere in Verkleidungen

⏲⏲ **€**

Ein eigenes Kapitel von Tierfotos sind Tiere in Verkleidungen. Natürlich lässt sich vortrefflich darüber streiten, ob es moralisch in Ordnung ist, Tiere in lustige Verkleidungen zu stecken und diese so der Lächerlichkeit preiszugeben.

Sie müssen selbst mit Fingerspitzengefühl entscheiden, ob diese Strategie für Sie und vor allem für Ihre Zielgruppe im grünen Bereich ist oder die Grenzen des Anstands schon überschreitet.

Unterhaltsame Fotos und lustige Videos produziert diese Strategie allemal.

Die Aufrufe solcher Videos gehen nicht selten in die Millionen. Geben Sie einfach „Tiere Verkleidung“ in das Suchfeld auf YouTube ein und Sie finden eine Vielzahl reichweitenstarker Videos.

92. Natur

⏲⏲€

Auch Fotos von schönen oder interessanten Dingen in der Natur (Landschaften, Bäume, Blumen etc.) sind nicht immer leicht mit jedem Thema verknüpfbar, werden aber gerne gesehen und geliked. Online-Nutzer mögen Naturschönheiten durchaus. Diese als Teil der Content-Marketing-Strategie zu nutzen ist etwa bei allem, was mit Reisen, Urlaub und Ferien zu tun hat, recht einfach.

Doch auch ein Hersteller von Lebensmitteln kann die Pflanzen und die Gegenden, wo sie angebaut werden, in seine Beiträge und Posts einbauen. Wenn Ihr Unternehmen in einer landschaftlich schönen oder zumindest interessanten Gegend angesiedelt ist, können Sie Fotos davon durchaus in Ihren digitalen Content einfließen lassen. Lassen Sie Ihrer Kreativität freien Lauf. Es werden sich nicht immer sinnvolle Zusammenhänge finden lassen, aber deutlich öfter, als man auf den ersten Blick glauben würde.

M.

Anlässe

Unter Anlässen sind in diesem Zusammenhang vor allem wiederkehrende Feste und Feiertage gemeint. Diese haben den riesigen Vorteil für Ihre Content-Planung, dass Sie jedes Jahr oder sogar mehrmals im Jahr stattfinden. Das macht sie für Ihre Content-Erstellung sehr gut planbar. Oft können Sie auch – zumindest eine Zeit lang – dieselben Online-Aktivitäten und sogar Posts jedes Jahr wiederholen.

93. Die klassischen Anlässe und Feiertage

⏲⏲ €

Denken Sie darüber nach, wie Sie die klassischen Anlässe im Zusammenhang mit Content für Ihre Online-Kanäle nutzen können. Diese Anlässe sind vor allem:

- Weihnachten
- Muttertag
- Vatertag
- Schulschluss
- Schulbeginn
- Ostern
- Pfingsten
- Silvester
- Nikolaus und Krampus
- Fasching bzw. Karneval
- Valentinstag
- Halloween (ist inzwischen auch schon zum fixen Anlass im deutschsprachigen Raum geworden).

Wenn Sie Blumen verkaufen oder Kosmetik herstellen, ist es ganz einfach, aber wie passen Ihre Produkte zum Muttertag, wenn Sie Autohändler oder Baumeister sind oder aber Reinigungsdienste anbieten? Dabei müssen es nicht nur Produkte oder Dienstleistungen für Konsumenten sein, für die Sie Muttertagsposts kreieren. Zugegeben, für den B2C-Bereich ist es meist einfacher, passende Inhalte zu finden und zu erschaffen. Schon alleine deshalb, weil das, was angeboten wird, oft unmittelbar ein Muttertagsgeschenk sein kann.

Doch auch andere Bereiche, die mit Endverbrauchern gar nichts zu tun haben, lassen sich mit derlei Anlässen verknüpfen, auch unter Einbeziehung der anderen genannten Strategien (wie Mitarbeiter, Tiere etc.). Ein etwas extremes Beispiel dazu, nur um zu zeigen, was denkbar wäre:

So könnten die Jungs aus der Gießerei eines metallverarbeitenden Betriebes, oft kräftige, hart arbeitende, gestandene Männer in schwerer Arbeitskleidung via Social Media ihren Mütter zum Muttertag gratulieren – einzeln als kleine Serie (mit einem Blümchen in der Hand) oder als Gruppe mit einem Gruppenfoto vor dem Ofen mit glühendem Metall.

Gerade dieser extreme Kontrast kann solche Posts zum Hingucker und damit sehr erfolgreich machen.

Auch hier sei darauf hingewiesen, dass Sie das mit einer passenden Botschaft verknüpfen müssen, mit der Sie auch mit einem solchen Post einen Beitrag zur Erreichung Ihrer Content-Marketing-Ziele leisten. Für alle anderen klassischen Anlässe verhält es sich ähnlich.

94. Besondere Tage und Anlässe

⏲⏲ €

Viele Menschen sind überrascht, wie viele Welttage, lokale oder regionale „Feiertage" es gibt. Etliche dieser Tage haben einen durchaus ernsthaften Hintergrund (das Ende eines Krieges, der Jahrestag eines Aufstandes etc.) und können, wenn sie zu Ihrem Unternehmen bzw. zu Ihren Zielen passen, durchaus als Basis für Beiträge und Posts dienen.

Viele von diesen „Feiertagen" fallen jedoch in den Bereich „Kurioses und Lustiges" und regen Ihre Phantasie vielleicht sehr viel mehr an.

Ein paar Beispiele dazu:

- Tag des Strohhalms (3. Januar)
- Weltmilchtag (1. Juni)
- Tag des Zebrastreifens (1. September)
- Tag der Handtasche (10. Oktober)
- Umarme-einen-Bären-Tag (7. November)

Eine sehr umfangreiche Liste solch kurioser Feiertage finden Sie unter https://www.kuriose-feiertage.de/kalender/.

Dort sind auch die Hintergründe und die Entstehungsgeschichten dieser Feiertage erklärt, was Ihnen bei der Ideenfindung für guten Online-Content hilft. Eine noch ausführlichere Liste von Gedenk- und Aktionstagen, die sich allerdings nicht nur auf kuriose Feiertage beschränkt, sondern alle Tage dieser Art mit einbezieht, finden Sie auf Wikipedia unter https://de.wikipedia.org/wiki/Liste_von_Gedenk-_und_Aktionstagen.

Wenn Sie Ideen brauchen, suchen Sie in sozialen Medien nach diesen Begriffen. Wenn Sie z. B. Weltmilchtag bzw. #weltmilchtag bei Twitter eingeben, dann finden Sie eine unglaubliche Vielfalt nicht nur von privaten Posts, sondern auch von Unternehmen, die diesen besonderen Tag als Anlass nehmen, um daraus Content zu kreieren. Die Vielfalt der Firmen und Organisationen ist dabei erstaunlich:

- Das Staedelmuseum
- Samsung Deutschland
- Das Bundesministerium für Ernährung und Landwirtschaft
- Die österreichische Tageszeitung Kurier
- Die CDU/CSU
- Die Tierrechtsorganisation PETA Deutschland
- Südtirol bewegt – der offizielle Twitter Kanal für Urlaub in Südtirol
- WDR 5

- Die Bundeswehr
- Der FC Schalke 04 hat ein Video gepostet, bei dem Spieler unter dem Slogan „Wir gönnen uns heute ein frisch Gezapftes“ Kühe melken.

Die Liste ist schier endlos. Wenn all diesen Organisationen passender Content zum Weltmilchtag einfällt, dann sind die Chancen, dass auch Sie dazu Ideen haben, sehr hoch.

Die bereits im Kapitel über Events erwähnte Black Friday Demo, die ich schon mehrmals veranstaltet habe, ist ebenfalls ein Beispiel dafür, wie man derartige Anlässe für sich nutzen kann.

95. Besondere Hashtags zu Anlässen

⏲ €

Weil es zum Thema Welttage und Anlässe besonders gut passt, ein kurzer Hinweis auf Hashtags. Gerade (aber nicht nur) bei der Nutzung solcher Anlässe für Ihr Content-Marketing sollten Sie einschlägige Hashtags verwenden wie z. B. #muttertag #blackfriday oder auch #weltmilchtag. Das erhöht Ihre Reichweite und Sichtbarkeit im digitalen Dschungel.

Dabei gibt es grundsätzlich zwei Möglichkeiten:

- Sie können existierende, oft weit verbreitete Hashtags nutzen, wie es z. B. bei #valentinstag, #weihnachten oder auch #karneval der Fall ist (was in jedem Fall zu empfehlen ist), oder auch
- eigene Hashtags kreieren wie z. B. #nichtumjedenpreis (einer meiner Buchtitel sowie mein Vortragstitel).
Letztere können unter anderem Ihre Botschaft, Ihren Firmennamen oder einen Produktnamen (sogenannte Marken- oder Branding-Hashtags) oder auch den Namen einer von Ihnen ins Leben gerufenen Aktion beinhalten.

N.

Impulse

Unter Impulsen ist im Folgenden alles zu verstehen, was primär zum Nachdenken anregen soll. Oft sind das ganz kleine, kurze Beiträge. Es können aber auch längere Artikel daraus entstehen.

96. Zitate

⏲ €

Zitate sind einer der Klassiker in diesem Bereich. Zitate regen zum Nachdenken an, geben Mut und Energie. Das richtige Zitat an der richtigen Stelle kann oft sehr viel bewirken. Das ist wahrscheinlich mit ein Grund, warum Zitate immer noch gerne geliked und geteilt werden. Am besten funktionieren Zitate online dann, wenn Sie grafisch schön bzw. auffällig aufbereitet sind.

Wenn Zitate ein Weg sind, den Sie bei der Erstellung von Online-Content beschreiten wollen, dann legen Sie sich am besten eine Liste von Zitaten an, die zu Ihren Zielen passen, und lassen diese in größeren Mengen (ein paar hundert) grafisch aufbereiten. Dann haben Sie gleich viel Material für Posts. Gerade bei Zitaten funktioniert diese Vorgehensweise sehr gut, weil es eine Vielzahl von Online-Datenbanken für Zitate und Zitatesammlungen gibt, die die Content-Erstellung enorm erleichtern.

97. Das Gegenteil behaupten

⏲ ⏲ €

Wenn Sie sich in einem Beitrag oder Post gegen die Meinung und Sichtweise der Allgemeinheit stellen, bringt Ihnen das zumindest einmal Aufmerksamkeit. Ein Beitrag mit Titel „5 Gründe, warum wir mehr Flüchtlinge brauchen“ würde zumindest auffallen und zur Diskussion anregen. Natürlich ist auch da wieder die Herausforderung, den kontroversiellen Aufhänger sinnvoll zu begründen und mit Ihrem Thema zu verknüpfen.

Diesbezügliche Ideen können Sie auf mehrere Arten kreieren. Zwei davon finden Sie nachfolgend.

Themen, die die Öffentlichkeit und Medien beschäftigen.

Sie können eine Sammlung von Themen machen, die sehr hohe mediale Aufmerksamkeit erhalten – die Flüchtlingskrise, die Coronakrise, die Welterwärmung, der Brexit oder auch die Elektromobilität. Zu diesen Themen formulieren Sie Aussagen, die der allgemeinen Meinung, vertreten durch die großen Medien oder breite Teile der Bevölkerung, widersprechen.

Danach formulieren Sie zu jeder dieser Aussagen eine Gegenaussage, um dann darüber nachzudenken, wie Sie diese in sinnvolle Verbindung mit Ihrem Business bringen können.

Wenn Sie keine sinnvolle Verbindung finden, kann es auch eine humorvolle sein. Aber Achtung! Bei den großen Themen handelt es sich oft um Krisen und Katastrophen. Gegenmeinungen dazu müssen daher mit sehr viel Fingerspitzengefühl formuliert und erklärt werden.

Selbst ein humorvoll gemeinter Beitrag kann ganz rasch ins Gegenteil umschlagen und ins Auge gehen.

Themen mit bestehendem Bezug zu Ihrem Business

Die zweite Variante ist die einfachere. Im Prinzip ist die Vorgehensweise dieselbe, nur dass Sie von Themen ausgehen, die mit Ihrem Business bereits eng verknüpft sind oder schon starken Branchenbezug haben. Oft sind das Themen, die zwar die Öffentlichkeit nicht interessieren, aber Ihr Zielpublikum sehr stark. Wenn Sie als Gärtnerbetrieb etwa behaupten: „Hören Sie auf, Ihre Pflanzen zu gießen" oder als Mediziner schreiben „Warum Gemüse schlecht für Ihre Gesundheit ist" oder es mit dem Titel „Killergemüse" noch pointierter formulieren, ist das definitiv ein Hingucker und – bei einen Inhalt, der die These gut begründet – auch ein Beitrag, der größere Reichweiten erzielen kann.

Wenn Ihnen das zu weit hergeholt erscheint …
ist es nicht. Der US-amerikanische Mediziner Steven R. Gundry hat ein Buch mit dem Titel „Böses Gemüse – Wie gesunde Nahrungsmittel uns krank machen" geschrieben, das zum Bestseller wurde.

Provozieren

Durch das Behaupten des Gegenteils provozieren Sie die Mitglieder Ihres digitalen Netzwerks – einige zumindest. Sie können das natürlich noch eine Stufe weitertreiben, indem Sie ohne konkreten Inhalt einfach nur provozieren, wie es Verleger Julien Backhaus in seinem „Stinkefinger-Post" gemacht hat. https://bit.ly/30A3GiF

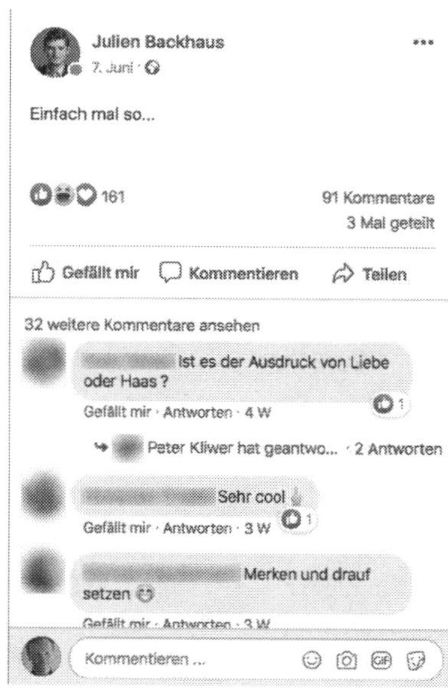

98. Kritische Reaktionen auf fremden Content

⏲ ⏲ €

Das Gegenteil behaupten können Sie natürlich nicht nur in einem eigenen Beitrag oder Post. Sie können Ihr Gegenstatement auch als Kommentar zu einem Beitrag posten, der die Mainstream-Meinung und damit das Gegenteil von dem sagt, was Sie sagen.

99. Was-wäre-wenn-Beiträge

⏲ ⏲ €

Impulse setzen und zum Nachdenken anregen können Sie auch, indem Sie in einem Post eine Frage mit der Struktur „Was wäre, wenn ...“ stellen bzw. ein diesbezügliches Szenario skizzieren.

- Was wäre, wenn wir ein bedingungsloses Grundeinkommen hätten ... wie würde sich Ihr Leben dadurch ändern?
- Was wäre, wenn Sie für einen Tag Bundeskanzler wären und ein neues Gesetz verabschieden könnten, welches wäre das?
- Was wäre, wenn es ab sofort kein Fleisch mehr zu essen gäbe ... was würde das für Sie ändern?

Beiträge dieser Art werden oft höhere Interaktionsraten erreichen – vor allem mehr Kommentare bekommen. Ihrer Fantasie sind dabei keine Grenzen gesetzt. Nachdem es sich um hypothetische Fragen handelt, können Sie buchstäblich alles denkbar machen.

100. Vorhersagen

⏲ ⏲ €

Es gibt Experten, deren Geschäft es ist, die Zukunft vorherzusagen bzw. einen Blick in mögliche zukünftige Entwicklungen zu werfen. Doch warum sollten solche Inhalte nur diesen wenigen Experten vorbehalten sein.

Wer wüsste denn in einer bestimmten Branche besser Bescheid über Trends und Entwicklungen als jemand, der in dieser Branche tätig ist.

Warum also nicht auch selber einen Blick in die Zukunft werfen? Werden Sie zum Trendforscher in eigener Sache. Stellen Sie mögliche zukünftige Entwicklungen, Produkte und Dienstleistungen vor.

Ob diese Realität werden, wissen Sie natürlich nicht, aber die Zukunftsforscher auch nicht. Warum also nicht gemeinsam mit Ihren digitalen Kontakten über mögliche Zukünfte nachdenken.

Das könnten Sie in unterschiedlicher Form tun, wie z. B.:

- 10 Thesen zur Zukunft der Branche (eine Beitragsserie)
- 10 Produkte, die in 10 Jahren zum Alltag gehören werden
- Die heißesten Trends in der Digitalisierung im Fremdenverkehr

Und wenn Ihre Vorhersagen oder Szenarien nicht eintreffen: kein Problem. Erstens liegen alle Experten auch regelmäßig daneben, bisweilen völlig. Und zweitens kann es trotzdem sehr anregend und reichweitenfördernd sein, gemeinsam Hypothesen über die Zukunft zu diskutieren.

101. Rückblicke

⏲ **€**

Doch nicht nur der Blick in die Glaskugel der Zukunft kann für Sie ergiebig sein. Auch Rückblicke können interessante Inhalte für Ihre digitalen Kanäle ergeben, die Sie überarbeitet neu bringen oder auch einfach erneut posten können. Einen Post, den Sie vor fünf Jahren abgesetzt haben, können Sie im Grunde bedenkenlos unverändert wieder posten, wenn der Aufhänger passt.

Entweder die Inhalte sind ohnehin immer noch aktuell, oder – und das geht immer – sie posten solche Beiträge unter Aufhängern wie

- Es war einmal ...
- Heute vor 5 Jahren ...
- Kannst du dich noch erinnern ...
- Was sich in den letzten 30 Jahren alles geändert hat
- Unsere Bestseller vor 20 Jahren

Für ein wenig Nostalgie sind viele Menschen zu begeistern, wie die Erfahrung zeigt. Fotos mit Musikkassetten aus den 70er Jahren erhalten regelmäßig viele Likes und Shares von Menschen, die sich wehmütig an ihre Jugend erinnern ... wobei sich die deutlich jüngeren bisweilen fragen, was das soll bzw. überhaupt ist.
Aus der Idee lässt sich natürlich bei Bedarf noch sehr viel mehr machen, wie Wellen zeigen, die regelmäßig durch die diversen Social-Media-Plattformen gehen. Da werden z. B. Jugendfotos von sich selbst gepostet. Die Idee finden dann viele so gut, dass sie gerne mitmachen.

Auch die Verknüpfung mit der Idee, Contests oder Wettbewerbe zu veranstalten, kann interessante Inhalte ergeben.

O.

Information, Wissenswertes und Weiterbildung

Fachliche, sachliche Informationen machen einen riesigen Anteil des Online-Contents aus. Diese Informationen finden sich vor allem als schriftliche Beiträge und als – teilweise auch längere – Videos. Ergänzt werden diese zum Teil durch detailliert ausgearbeitete Grafiken.

Während es bei vielen der anderen, bereits besprochenen Ideen so ist, dass Sie diese für Ihre Content-Strategie nutzen können oder auch nicht, gibt es kaum Bereiche und Unternehmen, die auf inhaltlich fundierte Beiträge verzichten sollten oder können. In diesem Bereich aktiv zu werden, ist sozusagen ein Must.

102. Fachbeiträge

⏲⏲⏲ **€**

Fachbeiträge, auch umfangreichere, meistens als Blog oder Video, sind eine Standard-Content-Form in den meisten Bereichen. Diese sind natürlich mit mehr Aufwand bei der Recherche und Erstellung verbunden. Dafür lässt sich mit solchen längeren Beiträgen aber auch sehr viel Content-Recycling betreiben. Aus einem umfangreichen Blogbeitrag oder Video lassen sich mit wenig Aufwand viele kleinere Beiträge und Content-Schnipsel erstellen.

103. Beiträge in Printmedien

⏲ **€**

Wenn Sie einen Beitrag in einem klassischen Printmedium, einer Zeitung oder Zeitschrift, veröffentlicht haben bzw. ein solcher über Sie veröffentlicht wurde, dann digitalisieren Sie diesen, indem Sie ihn einscannen oder fotografieren und dann posten.

Diese Vorgehensweise bringt Ihnen nicht nur zusätzlichen, wertvollen Content, sondern trägt auch massiv zum Aufbau Ihrer Glaubwürdigkeit und Ihres Expertenstatus bei (dazu später noch mehr Ideen). Die Glaubwürdigkeit – abhängig vom Medium natürlich – ist bei Offline-Medien gefühlt immer noch höher als bei Online-Medien. Es ist leichter, online irgendwo aufzuscheinen als offline abgedruckt zu werden.

104. Podcasts auf Nicht-Podcast-Kanälen

⏲ **€**

Ein weiterer Kanal, in dem sich sehr viel fachlicher, inhaltsschwerer Content findet, sind Podcasts. Doch einen Fachbeitrag, den Sie als Podcast veröffentlicht haben, oder ein Podcast-Interview, das auf einem fremden Podcast mit Ihnen geführt wurde, können Sie auch auf anderen Kanälen posten.

Naheliegend ist es etwa, den Podcast auch mit einem Hintergrundbild zu versehen und zusätzlich als Video abzuspeichern. Dann können Sie diesen auch auf allen Kanälen veröffentlichen, wo reine Audiofiles nicht möglich sind – auf YouTube, Facebook oder LinkedIn zum Beispiel. Der Zusatzaufwand dafür ist gegen Null gehend, da die Software für die Erstellung oder Bearbeitung von Podcasts das mit nur einem weiteren Klick automatisch mitmacht.

105. Wissenswertes und Fun Facts

⏲ €

Ganz nach dem Motto „Wussten Sie schon, dass ...“ können Sie erstaunliche und wissenswerte Fakten posten. Das kann oft in kurzer Form geschehen. Wenn die inhaltliche Bedeutung eines Fakts niedrig, aber das Fakt dennoch interessant, erstaunlich oder unterhaltsam ist, spricht man von sogenannten Fun Facts.

Diese – am besten als Bild dargestellt – werden gerne geliked und geteilt. Die Reichweite bei solchen Posts ist – manchmal bedauerlicherweise – oft viel höher als bei sehr gehaltvollen und seriösen Beiträgen.

Um Fun Facts in Ihrem Business bzw. Ihrer Branche zu kreieren, kann es hilfreich sein, über alle möglichen Maße und deren Extreme nachzudenken bzw. diese zu recherchieren.

Wenn jemand z. B. Fahrräder herstellt und verkauft, dann könnten Fun Facts Antworten auf Fragen wie beispielsweise die folgenden sein (wobei der Unterschied zwischen Fun Facts und normalen Informationen ein fließender ist):

- Wann wurde das erste Fahrrad gebaut?
- Wo wurde das erste Fahrrad hergestellt?
- Wer hat das Fahrrad erfunden?
- Wie alt ist das älteste Fahrrad?
- Durch welchen eigenartigen Zufall wurde das Rad erfunden (wenn es da einen gab)?
- Wie weit kommt ein Profi-Radfahrer mit einmal in die Pedale treten?
- Wie oft müsste man in die Pedale treten, um einmal um die Erde zu fahren?

Welche interessanten Zahlen, Daten und Fakten gäbe es noch, die kaum jemand wissen will, aber die dann doch für viele interessant sind?

106. Aktuelles und Trends

⏲⏲ €

Was ist gerade in den Nachrichten? Welche Themen bzw. welche Personen? Tagtäglich gibt es Themen, die die Massen bewegen und an die Sie sich mit Ihrem Post anhängen können.

Sie müssen dafür nicht – wie im Kapitel „Impulse“ beschrieben – das Gegenteil behaupten, sondern können die aktuellen Themen auch so nutzen, dass Sie analysieren, erklären und kommentieren und so einen Bezug zu Ihren Themen herstellen.

Auch hier ist der Einsatz der jeweils zugehörigen populären Hashtags besonders wichtig, um mehr Sichtbarkeit und Reichweite zu bekommen.

Checken Sie regelmäßig bei Twitter oder Google Trends die aktuell wichtigsten Themen und prüfen Sie diese auf Verwendbarkeit für Ihr Marketing.

107. „How to“-Content

€

Allein mit „How to“-Content können Sie Ihre digitalen Kanäle füllen, wenn Sie das wollen. Unter „How to“-Content sind all jene Inhalte zu verstehen, die erklären, wie etwas geht.

Diese Content-Art ist eine Quelle für gern und viel konsumierte Inhalte in so gut wie allen Lebens- und Businessbereichen.

Ein paar Beispiele dazu:

- E-Mail-Marketing-Software-Hersteller erklärt mit Videos, wie die einzelnen Funktionen seiner Software am besten nutzbar sind.
- Ein Fleischproduzent gibt Grillunterricht per Video, vielleicht als Gemeinschaftsaktion mit einem Hersteller von Grillgeräten.
- Ein Fliesenhersteller oder Baumarkt zeigt Kunden per Video oder einer detaillierten Beschreibung, die mit Fotos und Grafiken ergänzt ist, wie Fliesen in welchem Bereich verlegt werden.

Welche „Wie geht das?“-Fragen können Sie für Ihre Kunden beantworten?

108. Ideenlisten

€

Das Buch, das Sie gerade lesen, ist vor allem eine lange Liste mit Ideen – vom ersten Teil, in dem gewisse Grundlagen bearbeitet werden, abgesehen. Solche Ideenlisten können Sie auch für Blogbeiträge sehr gut verwenden und diese dann auch in einzelne Posts für Ihre Kanäle in Social Media herunterbrechen. Wenn Sie dabei die Ideen auch noch als Bild oder Grafik darstellen, ist das für Ihre Sichtbarkeit natürlich noch viel besser. Content-Recycling ist auch hier wieder angesagt.

Ein eigenes Beispiel dafür: Ich habe in einem sehr langen Blogbeitrag (https://www.romankmenta.com/alleinstellungsmerkmale-usp-beispiele/) über 300 Beispiele für mögliche Alleinstellungsmerkmale zusammengetragen und daraus dann auch noch – ganz der Idee des Content-Recyclings folgend – ein Buch gemacht.

109. Fragen aus der Community beantworten

€

Viele Podcasts basieren auf dem Konzept, Fragen aus der Community zu beantworten und daraus Beiträge zu machen. Diese Strategie ist nicht allein dem Podcast vorbehalten, wenngleich dort häufig anzutreffen.

Welche Fragen bekommen Sie vielleicht ohnehin laufend von Ihren Kunden, Usern und Kontakten gestellt, deren Beantwortung auch für andere interessant genug sein kann?

Fragen Sie Ihre Mitarbeiter, wenn Sie Fragen zum Beantworten brauchen, mit welchen sie tagtäglich konfrontiert sind. Antworten auf solche Fragen als Social-Media-Posts oder für Podcastfolgen zu nutzen, hat den zusätzlichen Vorteil für Sie, dass Ihnen diese Fragen dadurch seltener gestellt werden. Sie sparen Zeit.

Sollten Sie zu wenige oder keine Fragen von Kunden oder Kontakten haben, dann machen Sie daraus Beiträge, in denen Sie Ihre Kontakte fragen, welche Fragen Sie haben.

110. Einzelberatungen

⏲ ⏲ €

Eine extreme Form, Fragen aus der Community zu beantworten, ist es, diese Antworten in Form einer Einzelberatung zu geben. Der Kunde oder Interessent stellt seine Frage oder Fragen an Sie.

Sie beantworten diese in Form eines Beratungs- oder Coachinggespräches (je nach Branche) und nehmen diese Beratung als Video auf (das Audiofile für den Podcast können Sie daraus automatisch generieren). Diese Beratungen könnten Sie alternativ sogar im Rahmen einer Live-Video-Session durchführen.

111. FAQ/SAQ

⏲ ⏲ €

FAQ (frequently asked questions) sind Fragen, die Ihnen im Zusammenhang mit Ihrem Business häufig gestellt werden. Diese können auch um SAQ (should ask questions) ergänzt werden, also jene, die zwar nicht häufig gestellt werden, aber gestellt werden sollten. Der Unterschied ist letztlich nicht wirklich relevant. Unterseiten und Listen mit FAQ finden sich oft auf Webseiten, doch selten werden diese aktiv verwendet, um daraus Posts und Beiträge zu machen.

Bei dieser Strategie geht es darum, einen umfassenden FAQ-Fragenkatalog zu erstellen und diesen zu promoten. Diese Vorgehensweise lässt sich nahtlos mit den beiden vorhergehenden Ideen verknüpfen. Wenn Sie diese Inhalte so verfassen, dass diese von Google besser gefunden werden und Sie dadurch weit oben in der Ergebnisliste einer Googlesuche erscheinen, profitieren Sie zusätzlich davon.

112. Definition und Erklärung von Fachbegriffen – Glossar

⏲ ⏲ €

In die ähnliche Richtung geht die Idee, ein Glossar – eine möglichst umfangreiche Definition und Erklärung von Fachbegriffen – auf Ihrer Website zu erstellen. Erstens ist so etwas als Nachschlagewerk sehr nützlich, nicht nur für Kunden, sondern z. B. auch für Ihre neuen Mitarbeiter.

Zweitens können Sie auch damit wieder Reichweite und Sichtbarkeit über die Google-Suche erzielen. Und drittens können Sie jeden einzelnen Fachbegriff in Form eines Posts erklären und so viel Material für Ihre digitalen Kanäle schaffen.

Sie könnten daraus sogar ein Quiz machen, wenn Sie in einer Branche tätig sind, die viele, sehr spezielle Fachbegriffe hat. Das ist oft bei technischen Produkten und Dienstleistungen der Fall, aber auch ein Psychologe oder Therapeut könnte diese Strategie wunderbar anwenden. Oder wissen Sie, was „Übertragung und Gegenübertragung" im therapeutischen Bereich bedeutet und was das ggfs. mit Ihnen zu tun hat?

113. Analysen von Unternehmen

⏲⏲ €

In manchen Branchen bieten sich Analysen auch als perfekte Strategie an, um daraus sinnvolle und gerne gesehene Inhalte zu schaffen. Analysiert werden kann im Prinzip alles – Produkte, Dienstleistungen, Webseiten, CI, Grafiken, Verhalten, Menschen, Kleidung, Fahrzeuge etc.

Was Sie analysieren, hängt vor allem davon ab, was Sie selbst verkaufen. Das können Dinge von Kunden sein (dann sollte diese Aktion natürlich mit Ihnen abgesprochen sein) oder aber auch solche von Nicht-Kunden.

Ein paar Beispiele dazu:

- Ein Webdesigner analysiert eine Webseite – technisch wie gestaltungstechnisch – und weist auf Stärken und Schwächen/Verbesserungspotenziale hin.
- Eine Stilberaterin analysiert eine Person samt ihrem Outfit und gibt Tipps, was diese tun bzw. unterlassen sollte.
- Ein Baufachmann analysiert einen Neubau oder auch ein Renovierungsprojekt und zeigt Dinge, die gut gelöst wurden, wie auch Mängel und Schwachstellen auf.

Analysen lassen sich vor allem in Bereichen einsetzen, wo es um komplexe Produkte oder Dienstleistungen geht. Die Analyse eines Wasserglases ist zwar auch machbar, wird aber vermutlich auf weniger Interesse stoßen.

Wobei man auch nicht sagen kann, dass man diese Idee für Gläser grundsätzlich nicht einsetzen kann. Eine vergleichende Analyse von speziellen Weingläsern, durchgeführt von einem Sommelier, kann auf sehr großes Interesse bei Weintrinkern und -kennern stoßen.

Analysen zur Kundengewinnung

Ein zusätzlicher Hinweis: Manchmal werden solche Analysen auch genutzt, um Kunden zu gewinnen. Nach meiner Erfahrung ist das eine gute Idee, wenn das mit dem potenziellen Kunden abgesprochen und von ihm beauftragt ist (auch wenn Sie die Analyse ggfs. kostenlos durchführen).

Unbeauftragte Analysen an potenzielle Kunden zu schicken, um ihnen das eigene Produkt bzw. die eigene Dienstleistung zu verkaufen, kommt oft gar nicht gut an. Der Empfänger könnte das als ungefragte Kritik an sich und seinen bisherigen Entscheidungen sehen und schon allein aus dem Grund einen weiteren Kontakt ablehnen.

Wenn Sie die Analyse sehr sanft und wohlmeinend als Ideen zur Optimierung formulieren, die Sie für den Kunden haben, wird es besser funktionieren.

114. Case Studies / Fallbeispiele

⏲⏲⏲ €

Der Unterschied zwischen einer ausführlichen Analyse und einer Fallstudie ist ein fließender. Fallstudien sind oft noch umfassender und ausführlicher, teilweise so ausführlich, dass sie sogar als Buch publiziert werden.

Im Rahmen einer Fallstudie gibt es zumeist auch einen zeitlichen bzw. chronologischen Ablauf, während eine Analyse meistens eine Momentaufnahme ist. Eine Analyse des Ist-Zustandes könnte allerdings als Ausgangspunkt für eine Fallstudie dienen.

Stark vereinfacht gesagt, könnte eine kurze Fallstudie wie folgt strukturiert und aufbereitet sein:

1. Wie ist die Ausgangssituation, der Ist-Zustand? Was sind die Stärken und Pluspunkte? Was sind die Probleme, Hindernisse und Potenziale?

2. Was wurde verändert/umgesetzt/gemacht – idealerweise mit Hilfe Ihrer Produkte oder Leistungen?

3. Was war das Ergebnis?
Was hat warum funktioniert und was nicht? Welche Lernerfahrungen konnten daraus gezogen werden?

https://nabenhauer-consulting.com/googleplatzierung/v3/

Fallstudien lassen sich sowohl in schriftlicher Form, unterstützt durch Grafiken und Bilder, als auch als Video, vor allem in Form eines Interviews mit dem Kunden, umsetzen. Allein durch Ihren Umfang eignet sich eine Fallstudie auch perfekt dafür, viele, kleine Content-Teile oder -häppchen zu machen, die die Entwicklung bzw. Story Schritt für Schritt erzählen.

Unternehmensberater Robert Nabenhauer setzt diese Strategie auf seiner Website geschickt um. Anhand konkreter Zahlen und Grafiken und Nennung des Kundennamens (itesys.ch im Bildbeispiel) zeigt er die Fortschritte, die seine Kunden mit seiner Unterstützung gemacht haben sehr eindrucksvoll und vor allem glaubhaft.

115. Die größten Fehler

⏲ ⏲ €

Fehler werden natürlich im Rahmen von Fallstudien häufig besprochen. Doch in Fehlern und Fehlschlägen steckt deutlich mehr Potenzial für Ihre Content-Erstellung, als nur eine Randnote in einem Beitrag zu sein.

Sie können Fehler auch in den Mittelpunkt stellen und zum Star Ihrer Inhalte machen. Diese Art der Betrachtung hat in den letzten Jahren einen deutlichen Aufschwung erlebt.

Es gibt ganze Bücher, die sich nur mit Fehlern (berühmter) Persönlichkeiten oder Unternehmen beschäftigen und was man daraus lernen kann. Sogar Fehlerkonferenzen und Vortragsreihen, die Fehler in den Mittelpunkt stellen, wurden und werden veranstaltet.

Das Scheitern hat in den letzten Jahren sein schlechtes Image verloren und ist aus dem Schatten seiner Existenz getreten.

Warum also nicht Fehler sammeln und daraus Beiträge für Ihr Online-Marketing machen? Es müssen nicht einmal (nur) Ihre eigenen sein. Die Fehler anderer dafür zu nutzen, ist auch weit weniger schmerzhaft und kostspielig.

Fragen Sie Ihre Mitarbeiter, Lieferanten, Kunden und Online-Kontakt nach Fehlern, die sie gemacht haben bzw. die ihnen als verbreitet bekannt sind, und machen Sie daraus eine Beitragsserie mit einem Titel wie „Die größten Fehler“, „Die teuersten Fehler“ oder auch „Die verbreitetsten Fehler“.

116. Behind the scenes / Blick hinter die Kulissen

⏲ ⏲ €

Eine Variante zu dem schon mehrmals erwähnten „Making of“ ist die Idee, Ihre Kontakte einen Blick hinter die Kulissen werfen zu lassen. Bei z. B. Theater- oder Filmproduktionen ist das etwas, das sich anbietet. Wie weit diese Strategie auch in Ihrem Business ergiebig sein kann, muss überlegt werden.

Ein „Behind the scenes“-Blick ist aber prinzipiell überall möglich. So könnte ein Landwirt (es gibt mehr fortschrittliche Landwirte, die auf Online-Kanälen präsent sind, als Sie vielleicht denken würden) von seiner täglichen Arbeit auf dem Hof berichten. Ein Rechtsanwalt, der viel vor Gericht arbeitet, könnte – vorsichtige und diskrete –

Einblicke hinter die Kulissen des Gerichtsalltags gewähren und ein Redner könnte über all die für die Öffentlichkeit unsichtbaren Tätigkeiten im Vortragsgeschäft berichten.

117. Aufzeichnungen von Präsentationen

⏲⏲ €

Halten Sie ab und an oder sogar öfter einmal (öffentliche) Präsentationen oder Fachvorträge, deren Inhalte für Ihr digitales Zielpublikum interessant sein könnten? Diese könnten Sie auf Video mitschneiden und dann über Ihre digitalen Kanäle verteilen (ganz oder in Teilen). Alternativ oder ergänzend könnten Sie aber auch den Foliensatz, den Sie ggfs. für Ihre Präsentation verwenden, zu einer automatischen Slideshow umbauen und ein Video daraus machen.

Es müssen auch nicht unbedingt Ihre eigenen Präsentationen sein. Auch jene von Mitarbeitern oder externen Vortragenden – wenn diese Ihnen die Erlaubnis dafür erteilen – sind für die Strategie nutzbar.

118. Informationen als Grafik darstellen

⏲⏲ €

Das Thema Grafiken, im Besonderen Infografiken, wurde im ersten Teil des Buches bereits kurz angesprochen. Doch Infografiken sind nicht nur eine mediale Darstellungsform, sondern Sie können Infografiken auch als Strategie nutzen. Infografiken, um den Begriff besser greifbar zu machen, sind grafische Darstellungen, die (viele) Informationen möglichst übersichtlich in einer Grafik darstellen bzw. erklären.

Das können einfache Torten- und Balkendiagramme sein oder auch sehr aufwändig gemachte und bisweilen komplexe Flussdiagramme, die Abläufe darstellen. In den meisten Infografiken sind neben grafischen Elementen auch viele Zahlen und Texte enthalten. Ein Organigramm z. B. ist so betrachtet natürlich auch eine Infografik.

Ein sehr erfolgreiches Beispiel für eine Infografik ist Social Media Experte Felix Beilharz mit seiner LinkedIn – Deutsch Vokabelliste gelungen. Über 100.000 Menschen hat dieser Post erreicht und von diesen mehr als 2.500 Likes und über 250 Kommentare erhalten (Abb. S. 124).

Infografiken haben den Vorteil, dass Informationen, in dieser Form dargestellt, von Betrachtern lieber konsumiert und leichter aufgenommen werden. Es ist müheloser, eine Grafik zu betrachten als einen möglicherweise längeren Text zu lesen.

Natürlich können Sie Infografiken, wie bereits öfter angesprochen, zur Darstellung für den einen oder anderen Content verwenden. Doch wenn Sie Infografiken als wirkliche Strategie nutzen wollen, müssen Sie systematischer an die Sache herangehen.

In einem ersten Schritt empfiehlt es sich, den inhaltsschweren und gehaltvollen Content (ggfs. aber auch die vorhin beschriebenen Fun Facts), den Sie bereits haben oder noch erstellen wollen, als Basis zu nehmen und darin jene Teile zu markieren, die Sie als Infografik darstellen wollen.

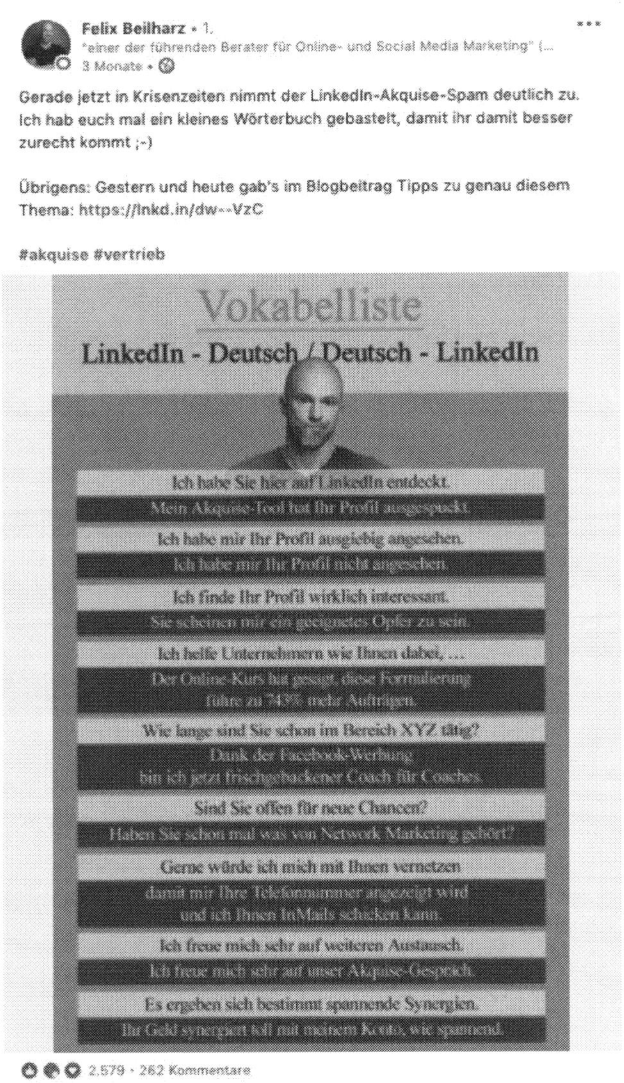

https://bit.ly/33z4lmq

Ähnlich wie bei Zitaten z. B. empfiehlt es sich, einen Grafiker (der Erfahrung mit Infografiken hat) für die Umsetzung zu beauftragen und gleich eine ganze Reihe solcher Grafiken erstellen zu lassen. Diese Art von Stapelverarbeitung verringert den Gesamtaufwand.

Bei der Erstellung von Infografiken müssen Sie vor allem auch darauf achten, dass nicht jedes Format in jedem Kanal gut darstellbar ist. Auf Instagram etwa sind Ihre Möglichkeiten durch die quadratische Standardform der Bildposts eingeschränkt. Sie können zwar auch hoch- oder querformatige Bilder posten, müssen dann aber mit einem weißen Rand leben.

Auch die Tatsache, dass Instagram wahrscheinlich noch mehr als mancher der anderen Kanäle auf mobilen Geräten mit kleinerem Bildschirm konsumiert wird, beeinflusst die Art der Darstellung Ihrer Grafiken. Zu viele Infos in einer Grafik mit vielen Zahlen und kleinen Texten machen dort wenig Sinn.

Konsequent ein- und umgesetzt ist die Strategie, Informationen in grafisch schön gestaltete, übersichtliche und verständlich erklärende Schaubilder zu verpacken, sehr empfehlenswert. Sie erzielen damit hohe Aufmerksamkeit und mehr Likes als für andere Darstellungsformen derselben Information. Grafiken dieser Art werden meist auch gerne und oft geteilt.

119. Branchenmythen

⏲ ⏲ **€**

In vielen Branchen bzw. zu vielen Produkten gibt es Mythen, die über längere Zeit, oft Generationen, überliefert wurden, einen hohen Bekanntheits- bzw. Verbreitungsgrad haben, aber bisweilen schlicht nicht oder nicht mehr stimmen.

Sollten Sie Ihr Business in einem Bereich betreiben, in dem es solche Mythen gibt, können

Sie diese als Basis für eine Serie von Beiträgen und Posts nutzen. Sie können dabei diese Mythen auflisten, Ihren Ursprung beleuchten, erklären, warum diese nicht stimmen und die Wahrheit dazu offenlegen.

Ein Beispiel dazu, umgesetzt für den Bereich Ernährung, finden Sie hier: https://bit.ly/3fv8dXT. Ein kurzer Auszug aus den Mythen, mit denen im Rahmen dieser Beitragsserie aufgeräumt wird:

- Kaffee entzieht dem Körper Wasser,
- Cola und Salzstangen helfen bei Durchfall,
- Schokolade macht glücklich,
- zu viel Bier verursacht einen Bierbauch,
- man soll täglich 3 Liter Wasser trinken.

Das sind nur ein paar wenige von 100 Ernährungsmythen, die hier gesammelt und in Form von 20 Blogbeiträgen á fünf Mythen aufbereitet wurden. Man könnte daraus auch ganz einfach 100 tolle kurze Textposts mit Bildern machen.

Dasselbe Konzept wäre z. B. für Gesundheit, Körper, Wetter, einzelne Länder (Mythen zu Amerika – für ein Reisebüro oder einen Reiseveranstalter), Psychologie, Umweltschutz und vieles mehr denkbar. Gibt es Mythen in Ihrer Branche?

120. Checklisten

⏲⏲ €

Informationen, die Sie ohnehin bereits als Content haben – als Blogbeitrag z. B. – zusätzlich auch noch als Checkliste aufzubereiten und Ihrem Publikum zugänglich zu machen, ist einfach und macht sehr viel Sinn. Abgesehen davon, dass solche Checklisten rasch und unaufwändig erstellbar und für Ihr Zielpublikum sehr hilfreich sind und gerne angenommen werden, können Sie diese auch als Tauschobjekt für E-Mail-Adressen Ihrer Kontakte nutzen. Ein Beispiel dafür finden Sie hier: https://www.romankmenta.com/vorbereitungscheckliste-preisgespraeche/

121. Tests und Selbstchecks

⏲⏲ €

Tests, Selbstchecks und Checks sind verbreitet und beliebt – und das nicht nur in den Wochenendausgaben mancher Tageszeitungen. Menschen sind interessiert daran, mehr über sich selbst, die Menschen, mit denen sie sich umgeben bzw. Ihr Unternehmen zu erfahren. Dabei geht es nicht um ausführliche Analysen – diese bieten Sie ggfs. ohnehin gegen Bezahlung an – sondern um kurze, kleine, einfache Tests und Checks, die rasch machbar sind. Wenn es zu lange dauert, nimmt das Interesse, diese auszufüllen möglicherweise ab.

Vor allem dann, wenn Ihr Selbstcheck einen „psychologischen“ Touch hat bzw. sogar ein fundierter, psychologischer Test ist, stößt er auf Interesse bei vielen Menschen.

Aber auch kurze Tests, mit denen man den Status Quo eines Unternehmens oder einer Person im Hinblick auf ein bestimmtes Thema analysieren und so etwas Neues erfahren kann, werden gerne angenommen.

Ein Beispiel für einen einfachen Selbstcheck finden Sie hier: https://www.romankmenta.com/basisanalyse-positionierung/

So wie die Checklisten lassen sich Tests und Selbstchecks zusätzlich auch zur Sammlung von E-Mail-Adressen potenzieller Kunden und Interessenten nutzen.

Wenn Sie mit dieser Strategie noch einen Schritt weitergehen, können Sie noch mehr interessante Inhalte damit schaffen. Die Selbstchecks müssen nicht zum Download sein, sondern können auch in Form eines Online-Fragebogens umgesetzt werden. So können Sie die Ergebnisse vieler Testteilnehmer zusammenfassen und auswerten. Dadurch erhalten Sie eine Menge oft sehr spannender Zahlen und Daten, die Sie wieder in neuen, sehr interessanten Content umsetzen können.

122. Hilfreiche Online-Tools

⏲ €

Die Grundidee beim Content-Marketing ist jene, hilfreich und nützlich für Ihre Kontakte zu sein. Eine sehr gute Möglichkeit, Unterstützung für Ihr Zielpublikum zu bieten, ist es, Informationen über technische Tools (kostenpflichtige und vor allem auch kostenlose) zu bringen, die es Ihnen erleichtern, Ihr Business zu betreiben. Das können z. B. grafische Tools sein, E-Mail-Marketing-Software oder auch Rechner und Kalkulatoren jeder Art.

Ein Beispiel für einen solchen Rechner finden Sie im angeführten Link. Damit können Sie z. B. ausrechnen, ab welchem Umsatz- bzw. Stückzahlzuwachs sich eine Preisaktion rentiert.

Ein Beispiel für so ein Tool ist der sogenannte Aktionsrechner, ein einfaches Tool zum kostenlosen Download, das ich in Excel erstellt habe. Es hilft den Benutzern ganz einfach und rasch zu berechnen, wieviel Sie im Rahmen einer Preiseaktion mehr verkaufen müssen, um mit der Aktion einen zusätzlichen Deckungsbeitrag zu erwirtschaften: https://www.romankmenta.com/der-aktionsrechner/.

romanKmenta
Keynote Speaker & Unternehmer

Aktionsrechner

Dieser Rechner beantwortet folgende Frage: „Um wie viel muss ich mehr bzw. weniger verkaufen, wenn ich den Preis erhöhe bzw. senke, um den gleichen Deckungsbeitrag zu erzielen?"

	bisher	neu
Verkaufspreis	19,00	18,00
Preisveränderung	-	-5,3%
Einkaufspreis/Herstellkosten	13,00	13,00
Einheiten	100,00	120,00
Veränderung Einheiten	-	20,0%
Deckungsbeitrag/Stück	6,00	5,00
Deckungsbeitrag gesamt	600,00	600,00

https://bit.ly/3gA4NEz

Barbara Riedl-Wiesinger – Pinterest-Expertin – listet in diesem Pinterest-Post eine Reihe von hilfreichen Pinterest-Tools auf.

123. Erklärung von Online-Tools

⏲ ⏲ **€**

Wenn Sie in diese Toolstrategie noch tiefer einsteigen wollen, können Sie die Tools, die Sie vorstellen, auch noch erklären. Das kann so weit gehen, dass Sie Schulungsvideos zu den einzelnen Tools im „How to"-Stil aufnehmen und online stellen. Die Frage, wie tief Sie in diese Strategie eintauchen, hängt eng damit zusammen, in welchem Business Sie tätig sind und wie Ihr Geschäftsmodell funktioniert.

Wenn Sie als Dienstleistung z. B. Beratung anbieten, die mit diesen Tools zusammenhängt, dann können solche „Schulungsvideos" noch ein kostenloses Angebot für Ihre Zielgruppe sein oder aber z. B. als Online-Videokurs auch schon ein kostenpflichtiges Produkt.

Wo die Grenze zwischen Gratis-Content und Verkaufsprodukt ist, müssen Sie im Einzelfall natürlich selbst entscheiden.

124. Vergleiche von verschiedenen Tools

⏲ ⏲ **€**

Eine weitere Idee, die auf dem Toolthema beruht, ist es, professionelle Vergleiche zwischen Tools als Content zu erstellen, statt einfach nur einzelne Tools zu empfehlen.

Es könnten richtige Produkttests sein, bei denen Sie die unterschiedlichen Tools (z. B. 10 verschiedene Webinarplattformen) alle testen und aufgeteilt in verschiedene Funktions- oder Anwendungsbereiche strukturiert gegenüberstellen. Es gibt Betreiber von Webseiten, die ausschließlich das als Geschäftsmodell betreiben.

125. Tipps und Vergleiche zu physischen Produkten

⏲ ⏲ **€**

All das, was in den letzten Punkten zum Thema Online-Tools gesagt wurde, lässt sich auch mit Offline-Tools, mit Produkten oder Werkzeugen umsetzen. Sie können einzelne Werkzeuge vorstellen und empfehlen, Videos erstellen, in denen Sie die optimale Verwendung dieser Werkzeuge demonstrieren, und auch Vergleichstests zwischen den einzelnen Werkzeugen anstellen.

Digital Dolmetscher Thorsten Jekel, Experte im Bereich digitale Transformation, betreibt diese Strategie in exzellenter Art und Weise. Regelmäßig stellt er das neueste Equipment im Bereich Tablets, Phones, Video etc. vor und demonstriert die optimale Nutzung im Businessbereich. Er hat sich dadurch einen soliden Expertenstatus in diesem Bereich erarbeitet.

Posts wie dieser, in dem er sehr pragmatisch erklärt, wie er seinem MacBook zu mehr Kühlung an heißen Tagen verhilft, bringen ihm nicht nur Likes und Kommentare. In einer Zeit, wo wir durch ständige technische Neuerungen permanent an der Grenze zur technologischen Überforderung entlangschrammen, schätzen wir Menschen oder Unternehmen, die uns einfach erklären können, wie wir mit all diesen Dingen bzw. all dieser Software umgehen können, sehr (Abb. S. 133).

126. Hilfreiche Seiten

⏲ **€**

Doch nicht nur Tools und Produkte können für Ihre Kontakte interessant sein, sondern auch bestimmte Seiten, die mit vielen hilfreichen Informationen zu einem bestimmten Thema aufwarten. Wohin können Sie Ihre Kontakte schicken, wenn es um das Thema X geht?

Das können ganze Seiten sein, oder aber auch einzelne Blogbeiträge oder Listen. Lassen Sie das Seitenbetreiber oder Blogger auch wissen, dann unterstützt sie Sie wahrscheinlich sehr gerne dabei, noch mehr Reichweite und Sichtbarkeit zu bekommen.

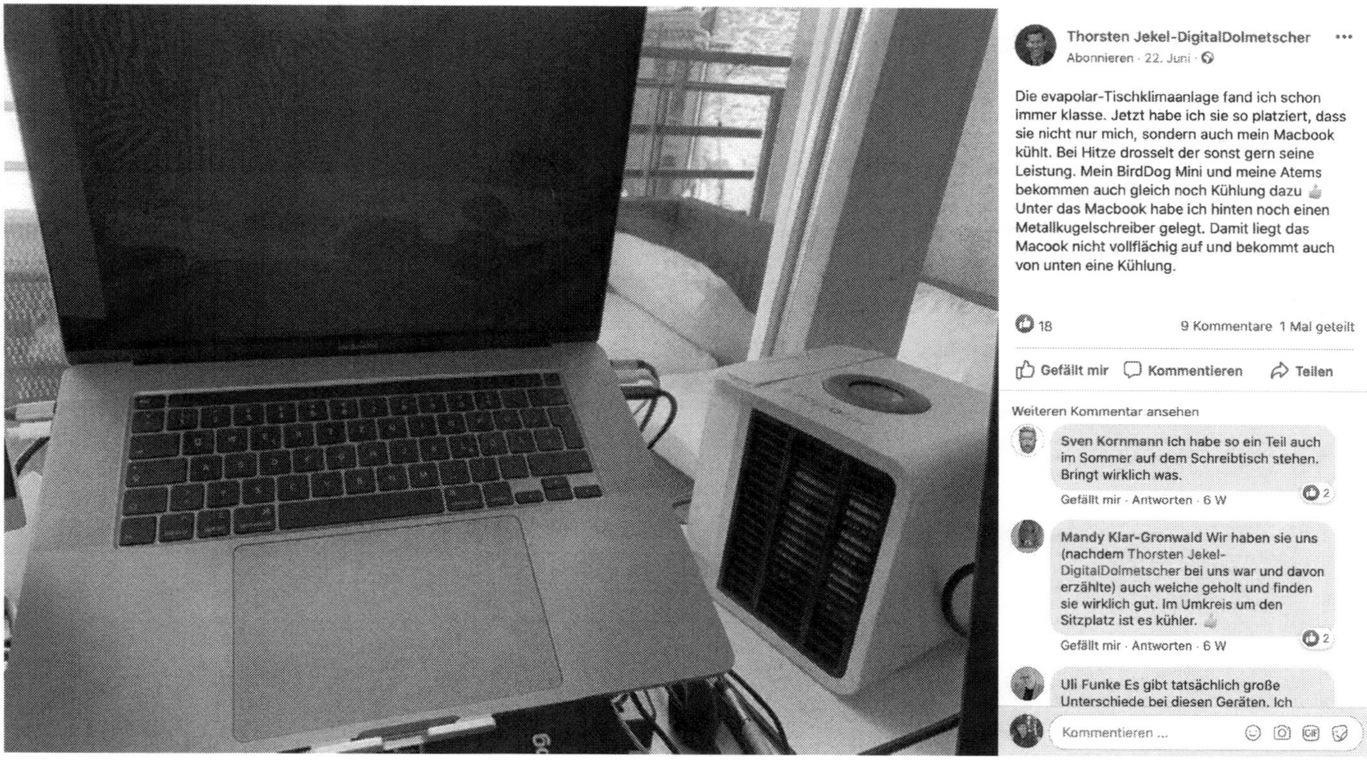

https://bit.ly/3a52Mxx

127. Kostenloses

⏲ €

Sie können sich in Ihren Posts auch darauf konzentrieren, nützliche aber kostenlose Inhalte zu sammeln und diese Ihrem Publikum zu empfehlen bzw. anzubieten. Oft sind das Bücher, E-Books und Tools, die gratis angeboten werden. Das können Ihre eigenen Angebote sein, aber Sie können auch auf die Angebote anderer zurückgreifen, die für Ihre Zielgruppe hilfreich sind.

In diesem Fall haben Sie zusätzlich den Vorteil, dass der Anbieter des kostenlosen Inhaltes Sie im Normalfall gerne unterstützen wird, Reichweite zu bekommen.

In sehr netter Art und Weise hat Meike Hohenwarter, die Online-Kurs-Queen, diese Strategie gemeinsam mit Ihren Kursteilnehmern umgesetzt.

In Form einer Freebie-Parade hat Sie die kostenlosen Angebote aller auf einer Seite zusammengefasst. Diese kann nun sehr leicht von allen Kursteilnehmern ge- und verteilt werden. So erhöht sich die Reichweite dieser Idee nochmals deutlich.

https://bit.ly/2Pt20B3

P.

Fremdes

Bisher war meistens die Rede von Ideen und Strategien, bei denen Sie selbst Content erschaffen bzw. produzieren. Doch das muss nicht immer der Fall sein. Lassen Sie uns zusätzlich zu den Ideen, die in den anderen Kapiteln bereits erläutert wurden, einige Möglichkeiten beleuchten, fremde Inhalte in Ihre Content-Strategie einzubauen.

128. Fremde Beiträge teilen

⏲ €

Beiträge anderer, speziell auch Beiträge von Medien, die zu Ihrem Thema passen, lassen sich sehr gut verwenden, um neuen Content für Ihre Posts zu schaffen. Im einfachsten Fall teilen Sie diese auf Ihren Kanälen, versehen mit einem passenden Kommentar Ihrerseits. Fündig werden Sie diesbezüglich, indem Sie in verschiedensten Plattformen oder auch mit Google nach Beiträgen zu Ihren Keywords suchen bzw. einen „Google Alert" erstellen und sich über solche benachrichtigen lassen.

129. Gastbeiträge anderer

⏲ ⏲ €

Gastbeiträge, meistens auf Blogs, sind eine verbreitete Variante, abwechslungsreichen Inhalt zu schaffen, der für alle Beteiligten ein Gewinn ist. Wenn Sie diese Gastbeiträge gemeinsam promoten und auf Ihren jeweiligen Kanälen verteilen, dann ergibt 1+1 oft 4.

Wenn Sie die Entscheidung treffen, Gastbeiträge auf Ihren Kanälen zuzulassen – das betrifft vor allem Ihren Blog und Ihren Podcast – dann sollten Sie auch die Regeln festlegen, nach denen sich der Gastautor zu richten hat.

Wenn Sie das nicht tun, entsteht sehr rasch Wildwuchs und Ihr Blog, Ihr Podcast oder Ihre Social-Media-Seite entwickelt sich zum unstrukturierten Bauchladen und das schadet Ihrer Positionierung.

Diese Regeln betreffen die Art der Inhalte, die Mindest- oder Maximallänge, die Struktur und Schreibweise, die Keyword-Optimierung, die Verwendung von Links (möglich / nicht möglich, Follow / non follow), die Verwendung von Bildern oder Videos und alles weitere, das Ihnen in Ihrem Fall wichtig erscheint.

Wenn Sie Autoren finden, die in Ihren Rahmen passen und sich nach Ihren Regeln richten, kann diese Art der Content-Erstellung sehr effizient sein.

130. Eigene Gastbeiträge

⏲ ⏲ €

Gastbeiträge von Ihnen auf fremden Kanälen sind eine Strategie, die Ihnen vielerlei Vorteile bringen kann:

- Sie erhalten zusätzliche Reichweite.
- Sie erreichen neue Zielgruppen bzw. Personen, die Sie über Ihre eigenen Kanäle nicht erreichen würden.

- Sie profitieren vom – hoffentlich guten – Image des fremden Kanals.

- Sie müssen den Beitrag nicht vollkommen neu erfinden, sondern können – wie bei Blogbeiträgen zum Beispiel – einen vorhandenen Beitrag adaptieren (umschreiben, kürzen oder auch verlängern) und sparen so etwas Arbeit und Zeit.

- Sie erhalten Links (die Sie in Ihrem Gastbeitrag platzieren) auf Ihre Seite bzw. Ihren Blog, wovon Sie wieder durch neue Besucher auf Ihrer Website und ein besseres Google Ranking profitieren.

So betrachtet ist die Strategie, Ihre eigenen Beiträge in fremden Kanälen zu platzieren, eine in vielen Fällen sehr empfehlenswerte. Was den Inhalt dieser Gastbeiträge betrifft, können Sie dafür viele der Strategien und Ideen in diesem Buch verwenden.

Doch nicht nur Sie, sondern auch Ihr Gastgeber profitiert davon. Er hat neue, andere Inhalte, die er nicht selbst verfassen muss, und erreicht ebenso wie Sie neue Zielgruppen, wenn Sie Ihren Gastbeitrag auch in Ihren Kanälen verteilen. Auch was das Google Ranking seiner Seite oder seines Blogs angeht, hilft ihm ein gut geschriebener, Keyword optimierter Gastbeitrag.

131. Accounts tauschen

⏲⏲ €

Wie in einem früheren Kapitel schon einmal angeklungen, kann es spannend und ergiebig sein, für einen bestimmten, eher kurzen Zeitraum (einen Tag oder eine Woche), mit einer anderen Person die Accounts zu tauschen. Diese Strategie bringt Abwechslung und frischen Schwung in Ihre Inhalte und damit in den betroffenen Kanal. Konkret bedeutet das: Sie bespielen das Social-Media-Profil einer anderen Person bzw. eines anderen Unternehmens und der andere bespielt Ihres.

Auf Instagram ist das eine verbreitete Vorgehensweise. Sie ist aber auch auf anderen Kanälen denkbar bzw. umsetzbar. Voraussetzung dafür sind natürlich beiderseitig klare Regeln für den Accounttausch und absolutes gegenseitiges Vertrauen.

Wenn Sie das machen, dann sollten Sie es allerdings keinesfalls stillschweigend tun, sondern Ihrem Online-Netzwerk den Accounttausch ankündigen, ihn richtiggehend zelebrieren und ein Event für sich daraus machen. Nur dann haben Sie auch den vollen Nutzen aus dieser Aktion.

132. Kommentare auf fremden Content

⏲ €

Einen fremden Inhalt mit einem Kommentar zu versehen, in dem Sie das Gegenteil behaupten, habe ich bereits im Bereich „Impulse“ als

Strategie angeführt. Doch eine sehr ähnliche Strategie können Sie auch anwenden, indem Sie fremde Beiträge mit Kommentaren versehen, die das, was da geschrieben oder gesagt wurde, unterstreichen, loben und/oder ergänzen.

Die Vorteile, die Sie aus dieser Vorgehensweise haben, sind vielfältig:

- Sie schaffen einfach und rasch Content.
- Sie bauen Ihren Expertenstatus auf, wenn Sie fachlich gute Kommentare posten.
- Sie bekommen Traffic auf Ihre Seite, wenn Sie im Kommentar einen Link hinterlassen.
- Sie werden dem Verfasser des Beitrages sympathisch (wenn Sie es nicht übertreiben) und er wird sich ggfs. bei Ihnen revanchieren, indem er auch einen Kommentar bei Ihnen hinterlässt. Daraus kann sich immer wieder eine weitergehende Zusammenarbeit im Online-Marketing ergeben.

Umsetzbar ist diese Strategie an sich auf allen Kanälen, wo es eine Kommentarmöglichkeit gibt. Besonders empfehlenswert ist sie bei Blogs und in Social Media, vor allem auf reichweitenstarken Kanälen.

Wenn Ihnen diese Idee grundsätzlich zusagt, sollten Sie auch daraus wieder eine durchdachte und geplante Strategie entwickeln. Ab und an mal einen Kommentar irgendwo zu hinterlassen, ist zu wenig. Planen Sie das im Rahmen Ihres Redaktionsplanes.

- Wählen Sie die Blogs, Social-Media-Seiten, Gruppen (auf Facebook, Pinterest oder auch XING) aus, die thematisch passen bzw. sich bestens mit Ihrem Business ergänzen. Das sollte schon eine größere Anzahl sein, damit Sie nicht zu oft auf denselben Kanälen kommentieren.

- Erstellen Sie eine fixe Regel, wie oft Sie wo und in welchem Rhythmus kommentieren wollen.

Q.

Medien

Medien wie Bücher und Filme können ein großartiger Fundus für neuen Online-Content sein. Diese können Sie in vielerlei Art und Weise nutzen. Dabei kann es sich einerseits um thematisch eng mit Ihrem Business verbundene Bücher oder Filme handeln. Andererseits können es aber auch solche sein, die nichts mit Ihrem Geschäft zu tun haben, sondern mit Ihnen als Person. Damit gewähren Sie Einblicke in Ihre Vorlieben – eine Vorgehensweise ganz im Sinne des Personal Branding.

Ein Punkt, der bei vielen der folgenden Ideen ein sehr starker Hebel sein kann, ist die Tatsache, dass der (Rechte)Inhaber des Mediums, um das es geht, in vielen Fällen sehr daran interessiert ist, dass seine Inhalte von Ihnen geteilt bzw. verteilt werden. Er bzw. sie wird Sie daher möglicherweise unterstützen und hilft Ihnen so, mehr Reichweite zu erhalten.

133. Besprechungen/Rezensionen von Fachbüchern

⏲⏲ €

Wenn Sie Bücher lesen bzw. Hörbücher hören, die unmittelbar oder auch im weiteren Sinn mit Ihrem Geschäft zu tun haben, dann können Sie darüber schreiben.

So ein Buch gibt sogar Material für einen längeren Blogbeitrag und Stoff für mehr als einen Post. Außerdem können Sie hier den Autor einbinden, so beiderseitig davon profitieren und Ihre Reichweite erhöhen.

134. Die besten Ideen aus einem Buch

⏲⏲ €

Sie könnten ein Buch, das Sie gelesen haben, natürlich nicht nur rezensieren, sondern auch noch einen Schritt weitergehen und Ihre wichtigsten Erkenntnisse aus dem Buch zusammenfassen und erklären, wie Sie diese in Ihrem Geschäft anwenden und umsetzen.

SEO-Experte und Unternehmer Sebastian Prohaska von ithelps macht das regelmäßig.

135. Bücher Top-Listen

⏲ €

Sie können zusätzlich auch Ihre eigenen Top-Listen in verschiedenen Themenbereichen publizieren:

- als Führungskraft oder Unternehmer die „10 Top Management Bücher“,
- als Coach die „10 Top Bücher über Coaching“ oder auch für „persönliches Wachstum“,
- als Fitnesstrainer die „10 Top Bücher über Muskelaufbau“ oder „Ernährung“ oder ebenso über „persönliches Wachstum“.

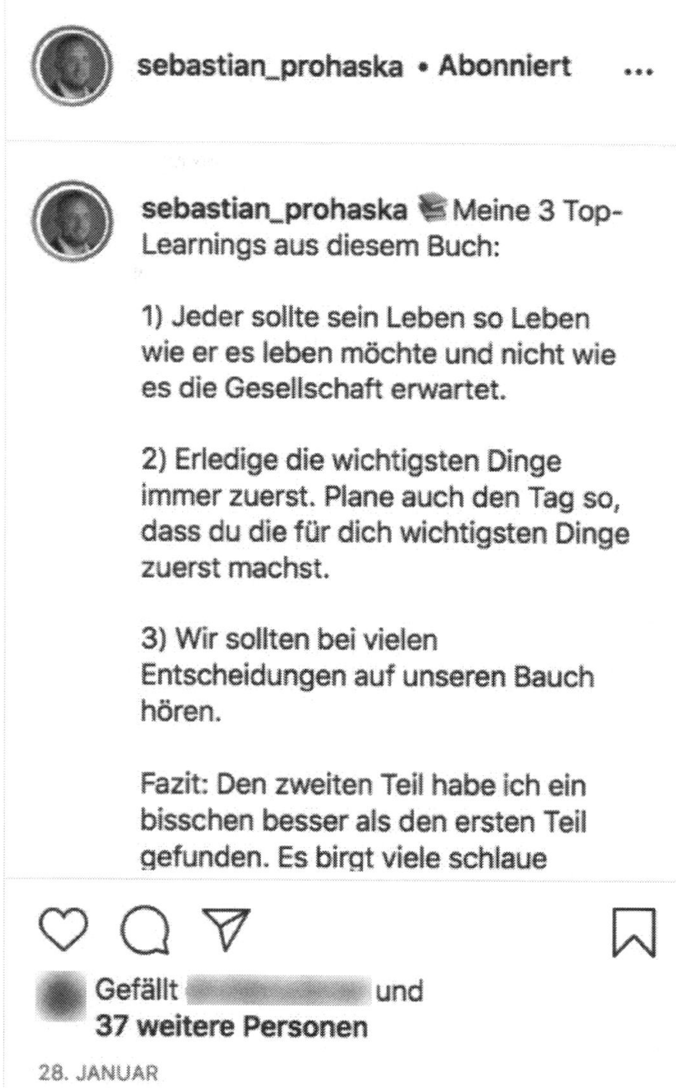

https://bit.ly/3acB1n3

136. Filme, Videos und Podcasts

⏲ **€**

Mit Filmen können Sie im Prinzip dasselbe machen wie mit Büchern. Dabei müssen das nicht immer große Kinofilme oder Serien sein. Auch YouTube-Videos oder sogar Podcasts eignen sich für diesen Zweck. Warum nicht Ihre persönlichen Top 10 YouTube-Videos zum Thema „Persönliches Wachstum“ küren und publizieren?

137. Online-Kurse

⏲ ⏲ **€€**

Nachdem es immer mehr Online-Kurse zu unterschiedlichen Themen gibt, sollten auch diese hier erwähnt sein. Wenn Sie einen Onlinekurs konsumiert haben, könnten Sie natürlich auch über diesen berichten, ihn rezensieren und ggfs. Ihre Top-Learings daraus posten. Wenn die Rezension positiv ausfällt, ist der Anbieter des Kurses im Normalfall sehr daran interessiert, dass Sie das tun und wird Sie dabei tatkräftig unterstützen.

R.

Interaktion

In diesem Kapitel finden Sie eine lange Liste von Ideen, die Ihre Kontakte dazu verleiten sollen, stärker und öfter mit Ihnen in Interkation zu treten. Likes etwa sind für Ihre Reichweite in den sozialen Medien natürlich gut, aber sehr viel besser sind Kommentare und wenn jemand Ihren Beitrag zusätzlich auch noch teilt.

Eines der wichtigsten Ziele im Rahmen der Online-Platzierung Ihrer Inhalte ist es daher, solche Beiträge und Posts zu bringen, die kommentiert und geteilt werden bzw. aufgrund derer Ihre Kontakte in irgendeiner Form aktiv werden.

138. Umfragen

⏲⏲ €

Die Meinung anderer ist für Menschen oft sehr interessant. Machen Sie Umfragen zu Ihren Themen. Wenn Sie diese kurz halten (ein bis drei Fragen), werden mehr Leute antworten. Der Aufwand, Umfragen zu erstellen, ist weder zeitlich noch finanziell groß.

Tools wie www.surveymonkey.com unterstützen Sie dabei. In der einfachsten Form bieten auch manche Social-Media-Kanäle eigene Tools, um Umfragen zu erstellen, die den Vorteil haben, dass Sie die Auswertung gleich mitliefern und für alle Nutzer einsehbar machen.

Aus 1 mach 2

Sie können die Umfrage und deren Ergebnisse aber auch als zwei getrennte Aktivitäten umsetzen. Vor allem bei größeren Umfragen ist das empfehlenswert. Zuerst posten Sie die Umfrage mit der Bitte um Beteiligung.
Dann machen Sie die Auswertung und posten die Ergebnisse ggfs. aufgeteilt in kleinere Häppchen.

Beispiel Black Friday Studie

Ich habe zum Beispiel eine größer angelegte Black Friday Studie gemacht, im Rahmen derer ich meine Online-Kontakte gebeten haben, mitzumachen, was gut geklappt hat. Die Ergebnisse habe ich in Form eines Blogbeitrages (https://www.romankmenta.com/blackfriday-studie-2019/) und einer Serie von Social-Media-Posts verarbeitet.

Darüber hinaus habe ich mit den Ergebnissen auch noch eine Presse-aussendung gemacht und damit etliche Beiträge in Online- und Offline-Medien erhalten. Sie sehen, Umfragen sind in Bezug auf neue Inhalte für Ihr Marketing sehr ergiebig.

Automatisierte Umfragen

Eine weitere, erprobte Variante sind automatisierte Umfragen. Sie können z. B. – so wie ich das mache – jedem neuen Newsletterabonnenten automatisiert einen Umfragelink zukommen lassen. Das passiert ohne menschliche Intervention. Gute E-Mail-Marketing-Software kann solche Automatisierungen einfach und zuverlässig umsetzen.

So sammeln Sie Tag für Tag neue Antworten für Ihre Umfrage, können diese dann in gewissen Abständen auswerten und die Ergebnisse mit Ihren digitalen Kontakten teilen.

139. Abstimmungen

€

Man könnte sagen: Abstimmungen sind eine spezielle Variante von Umfragen. Dabei werden Ihre Kontakte nach ihrer Meinung zu ganz konkreten Alternativen gefragt. Das können drei Vorschläge für Buchcover sein, drei Farbvorschläge für die neue Wandfarbe in Ihrem Büro oder auch, welchen von vier Rotweinen Sie beim bevorstehenden Event ausschenken sollen. In der Wahrnehmung Ihrer Kontakte sind Abstimmungen allerdings wesentlich positiver besetzt. Wo Umfragen oft einmal als lästige Zusatzaufgabe gesehen werden, sind Abstimmungen offenbar eine willkommene Abwechslung im langweiligen Arbeitsalltag. Es wird viel kommentiert und viele liefern noch zusätzliche Ideen und Varianten.

140. „Fill in the Blank"-Posts

€

Ein „Fill in the Blank"-Post ist eine spezielle Art der Fragengestaltung. Solche Posts sind meist Aussagen in Halbsatzform mit der Aufforderung, den Halbsatz zu vollenden. Ein paar Beispiele dazu:

- Donald Trump ist ...
- Freiheit bedeutet für mich ...
- Auch für viel Geld würde ich niemals ...
- Wenn ich 1 Mio. € gewinne, werde ich sofort ...
- Kundenorientierung bedeutet für mich vor allem ...

Um ein konkretes Beispiel herauszugreifen: Ghostwriter und Buchcoach Michael Jagersbacher hat gepostet „Sätze, die man nie in der Steiermark hört ..." und hat damit die Kreativität seiner Kontakte angeheizt. Das Ergebnis sind mehr als 80 Kommentare innerhalb des ersten Tages.

https://bit.ly/2XAlQi9

Klar ist, je ausgefallener und humorvoller die Fragen, desto zahlreicher und kreativer die Antworten.

141. Fragen an Kontakte

⏲ €

Fragen sind ganz generell ein sehr gutes Tool, um Ihr digitales Netzwerk zu aktivieren. Die verschiedenen Möglichkeiten, Fragen zu stellen, sind beinahe unüberschaubar. Vor allem Fragen, auf die die Befragten nicht gleich eine Antwort wissen, bzw. solche, auf die es viele Antworten gibt und die die Kreativität anregen, sind spannend.

Eine Reihe von Beispielen finden Sie nachfolgend:

- Zu Vorlieben
  Was ist dein Lieblings- ... Buch, Film, Schauspieler, Essen, Lokal, Ferienort, Apps ... und warum?

- Zur Zukunft
  Was wird in 10 Jahren fester Bestandteil deines Alltags sein?
  Wo bist du in 10 Jahren?

- Zur Vergangenheit
  Was hat dich heute vor einem Jahr intensiv beschäftigt? Was hast du dir vor 10 Jahren noch gewünscht, was du heute schon erreicht hast? Wenn du 10 Jahre zurück in die Vergangenheit reisen könntest, welche Entscheidung würdest du anders treffen bzw. was würdest du ändern?

- Zu Dingen
  Auf welche 5 Dinge kannst du am allerwenigsten verzichten? Welche 10 Dinge würdest du unbedingt auf eine einsame Insel mitnehmen?

- Zu Problemen (für die Sie vielleicht die Lösung haben)
  Was ist aktuell die größte Hürde für dich? Was ist das größte Problem in deiner Branche?

- Zu sich selbst
  Was sind die 3 Worte, die dich am treffendsten beschreiben? Was steht auf deiner Bucket List?

- Zu Social Media
  Welches soziale Medium nutzt du am meisten und warum? Auf welches soziale Medium könntest du getrost verzichten und warum?

- Zu Sport und Bewegung
  Wie viele Kilometer legst du pro Woche zu Fuß zurück? Wie oft pro Woche betreibst du Sport? Nimmst du die Treppe oder den Aufzug?

- Zum ersten (Mal)
  Was war dein erstes Auto? Was war dein erstes Handy? Wohin ging deine erste Flugreise? Wer war der erste Kunde, den du gewonnen hast?

- Zu Innovationen

Was war die für dich wichtigste Innovation im letzten Jahr (in den letzten 10 Jahren etc.)

- Zur Technik
  Was sind die 3 von dir am häufigsten genutzten Apps? Welche 3 Apps hast du kürzlich wieder gelöscht?
- Zu Routinen
  Was ist das Erste, was du am Morgen machst? Welche Routinen helfen dir in deinem Tagesablauf?
- Zur Produktivität
  Was ist dein wichtigster Tipp, um Produktivität zu steigern? Was vermeidest du auf jeden Fall, wenn du richtig viel weiterbringen willst?
- Zur Dankbarkeit
  Wofür bist du im Moment dankbar?
- Zum Business
  Welche Erkenntnis (welche 3 Erkenntnisse) hat dich im Business am stärksten positiv beeinflusst? Wie würdest du 1.000 € in dein Business am besten investieren? Welches Projekt würdest du beginnen, wenn du wüsstest, dass es gelingt?

Die Reihe ließe sich noch unendlich fortsetzen. Doch diese Fragen sollen nicht nur die Interaktion anregen und Ihre Kontakte aktivieren, sondern können Ihnen auch konkrete Ideen und Antworten auf Themen und Fragen liefern, mit denen Sie sich beschäftigen.

Um auch in diese Idee wieder Regelmäßigkeit und Struktur hineinzubekommen, könnten Sie daraus eine Frage des Tages oder eine Frage der Woche machen (wie sie in Printmedien bisweilen im Zusammenhang mit Straßenumfragen verwendet wird).

142. Bitten

⏲ €

Formal etwas Ähnliches wie Fragen sind Bitten, die bisweilen auch als Fragen gestellt werden. Doch die Intention dahinter ist eine andere. Es geht darum, dass Sie bei etwas Unterstützung und Hilfe brauchen oder für etwas Ratschläge suchen. Dabei steht nicht das Aktivieren der Online-Kontakte im Vordergrund, wenngleich das ein schöner Nebeneffekt ist, sondern die echte Problemlösung.

Dinge, um die Sie Ihre Community bitten können, sind z. B.:

- Bewertungen und Referenzstatements auf Google, Proven Expert, Facebook, Amazon oder einer anderen branchenspezifischen Bewertungsplattform

- Kontakte zu bestimmten Firmen oder in bestimmte Branchen. Ganz nach dem BNI (Business International Network) Motto: „Ich suche einen Kontakt zum Marketingleiter von Firma XY?“ oder „Wer hat einen Kontakt zu einem Fitnessstudiobesitzer?“

- Empfehlungen von Anbietern oder Dienstleistern – „Wer kann mir einen guten Autolackierer empfehlen?“.

143. Kontakte vernetzen

⏲ €

Wenn Sie einen Vorteil darin sehen, dass sich Ihre eigenen Online-Kontakte noch besser kennenlernen und vernetzen, dann können Sie das fördern, indem Sie z. B. jeden Tag einen anderen Ihrer Kontakte vorstellen und die Community auffordern, sich mit ihm bzw. ihr zu vernetzen und Freundschaftsanfragen zu stellen. Idealerweise ist das natürlich mit dem Kontakt, um den es geht, abgesprochen.

144. Plattformen vernetzen

⏲ €

Mit vielen Ihrer Kontakte sind Sie auf mehreren Plattformen verbunden – z. B. auf Facebook, XING und LinkedIn. Das hat den Vorteil, dass die Wahrscheinlichkeit, dass Ihre Kontakte das, was Sie posten, auch sehen, deutlich steigt. Gleichzeitig gibt es aber eine Reihe von Kontakten, mit denen Sie wahrscheinlich nur auf einer Plattform verbunden sind, obwohl diese auch auf anderen Kanälen präsent sind.

Um die plattformübergreifende Vernetzung auszubauen, können Sie quer über Ihre Kanäle immer wieder Posts absetzen, wo Sie darauf hinweisen, dass Sie auch auf Facebook, Instagram etc. präsent sind und sich freuen würden, auch dort Verbindung aufzunehmen.

Natürlich können Sie das auch einzeln machen, indem Sie Kontakt für Kontakt durchgehen und auf anderen Plattformen suchen, doch das auch mit Posts zu unterstützen, kann die Vernetzung beschleunigen.

145. Wettbewerbe

⏲⏲⏲ €€

Wettbewerbe – bereits an der einen oder anderen Stelle im Buch angesprochen – sind ein weites Betätigungsfeld. Sie können Wettbewerbe kreieren, diese posten und damit möglicherweise sehr viel Interaktion mit Ihrem Netzwerk auslösen. Wenn das Konzept gut oder witzig ist, haben Wettbewerbe sogar viel Potenzial, weiter geteilt zu werden. Das wirklich interessante an Wettbewerben ist allerdings, dass sich daraus viele Bilder, Videos und Beiträge ergeben, die zum großen Teil auch die Wettbewerbsteilnehmer selbst posten.

Die Wettbewerbe können solche sein, die sich ausschließlich online abspielen, bei denen jeder Teilnehmer seine Teilnahme fotografisch oder per Video dokumentiert und postet, oder auch solche, die offline umgesetzt und zusätzlich online dokumentiert werden. Der Gössler Dirndlflugtag - https://www.instagram.com/p/BzDK3pPCDrf/ oder auch der inzwischen legendäre Red Bull Flugtag sind Beispiele dafür.

146. Gewinnspiele

⏲⏲⏲ €€

Der Übergang von Wettbewerben zu Gewinnspielen ist fließend. Bei einem Wettbewerb muss es allerdings nicht unbedingt etwas zu gewinnen geben, bei Gewinnspielen locken Preise und animieren zum Mitmachen.

Online sind alle Arten von Gewinnspielen zu finden, seriöse wie gefakte und natürlich auch betrügerische. Doch alle drei Versionen können es schaffen, viele Likes, Kommentare und Shares zu bekommen, selbst dann, wenn es sehr offensichtlich erscheint, dass es sich um ein Fake-Gewinnspiel handelt.

Online-Marketing-Experte Felix Beilharz hat es sich zur Aufgabe gemacht, immer wieder solche gefakten Gewinnspiele zu enttarnen und erzielt übrigens mit diesen Beiträgen ansehnliche Reichweiten und Interaktionen.

Das zeigt, dass Gewinnspiele – seriöse natürlich – als Inhalte für Ihre Content-Kanäle an sich ein hervorragendes Tool sein können, um Ihre digitalen Kontakte zu aktivieren.

147. Kettenbriefe

⏲⏲⏲ **€€**

Kettenbriefe gab es schon lange vor dem Internet. Damals wurden echte Briefe oder Postkarten an mehrere Personen verschickt, die dann die Aufgabe hatten, ihrerseits wieder an eine gewisse Anzahl von Personen Briefe zu versenden – unter Androhung von sieben Jahren Pech oder ähnlichem bei Nichtversand. Diese Art von Kettenbriefen gibt es auch in der Online-Welt und sie sind für viele Menschen immer noch genauso nervig.

Und doch hat der Gedanke großes Potenzial für Ihre Online-Aktivitäten, da der Mechanismus eines Kettenbriefs darauf ausgelegt ist, dass sich die Teilnehmerzahl exponentiell vergrößert. Sie benennen drei Personen, die mitmachen sollen, diese je wieder drei weitere usw. Im besten Fall kann daraus eine virale Welle entstehen, die durch das Internet schwappt.

https://bit.ly/3fwevpV

Sie erinnern sich sicher an die „Ice bucket challenge“, ein Beispiel von einer sehr gelungenen Aktion mit einer riesigen Reichweite. Da diese Challenge einem guten Zweck diente, machten sogar Spitzenpolitiker und Promis aller Art mit. Auch, wenn ein Kettenbrief dieser Art nur selten diese Dimension erreichen wird, ist es immer wieder einen Versuch wert, wenn Sie eine ausgefallene und witzige Idee haben.

Diese sollte nicht zu plakativ für Ihr Produkt oder Ihr Unternehmen werben, doch es sollte immer ein dezenter, aber doch vorhandener Zusammenhang zu Ihnen bestehen. Die Gefahr, dass Ihnen eine Kettenbriefaktion gelingt, aber niemand weiß, dass es Ihre Aktion war, ist durchaus vorhanden und das wäre sehr schade.

148. Rätsel und Denksportaufgaben

⏲⏲ **€**

Menschen sind neugierig, nutzen Sie diese Neugier, indem Sie Ihnen Aufgaben geben, die nicht ganz so einfach oder sogar sehr schwer zu lösen sind. Knifflige Fragen und Rätsel zu finden, ist nicht schwierig, die Herausforderung ist auch hier wieder, einen Bezug zu Ihrem Business herzustellen.

Solche Rätsel können z. B. sein:

- Wissenfragen zu Ihren Produkten oder Ihrer Branche
  „Wie viele Muskeln hat der menschliche Körper?“ (Masseur)

- Schätzfragen
  „Wie viele unserer superleckeren Schokobonbons passen in diese Badewanne (Foto zeigen)?“ – (Süßwarenhersteller oder -händler)
  Das könnten Sie auch noch mit einem Gewinnspiel verbinden: „Gewinnen Sie eine Badewanne voll Schokobonbons.“

- Fragen nach Fun Facts
  „Wie viele Mal am Tag schlucken Sie?“ (Brauerei) „... und das geht besser, wenn Sie es mit unserem Bier tun.“

- Kreuzworträtsel
  Ein Kreuzworträtsel mit Begriffen aus Ihrer Themenwelt etwa wäre eine spannende Idee für neuen Content. Wenn Sie Kreuzworträtsel erstellen wollen, dann unterstützt Sie z. B. diese Website dabei: https://www.xwords-generator.de/de.

- Logikrätsel
  „Wie lauten die nächsten beiden Zahlen? – 1, 3, 5, 7, 11 ...“ (ein einfaches)

- Rechenaufgaben
  Auch mit Rechenaufgaben, die ein wenig kniffliger (aber natürlich nicht allzu schwer) sind, lässt sich Content kreieren, der die Menschen zum Mitdenken und Mitmachen anregt. Nicht selten produzieren solche Posts zehn und mehr Antworten, von denen die allermeisten das falsche Ergebnis beinhalten.

- Rechtschreibrätsel
  Wenn Ihr Business irgendetwas mit Texten zu tun hat, Sie zum Beispiel Korrektor sind oder ein Schreibbüro betreiben, könnten Sie eine Serie mit schwierigen Recht- schreibfragen erstellen. Ihre Kontakte

können dann Ihre Meinung zur richtigen Schreibweise abgeben, bevor Sie die Lösung enthüllen.

- Bilderrätsel
  Eine recht einfache Art von Bilderrätsel können Sie herstellen, indem Sie einen Gegenstand oder eine Person fotografieren, der bzw. die mit Ihrem Business zu tun hat, und das meiste davon abdecken. Dann fragen Sie Ihre Online-Community, was Sie auf dem Bild zu erkennen glauben. Sie könnten diese Art von Rätsel natürlich auch in Etappen gestalten, indem Sie eine Serie von Bildern machen und bei jedem Bild ein Stück mehr enthüllen (ein Spiel aus der in den 70er und 80er Jahren beliebten Fernsehshow „Dalli Dalli").

Wenn Sie die Augen offenhalten und Social-Media-Plattformen, aber auch Tageszeitungen und Magazine nach Rätseln durchsuchen oder ganz einfach googeln, werden Sie auf viele kreative Ideen stoßen, die Sie für Ihr Business einsetzen können.

149. Kreativaufgaben

⏲⏲ **€**

Gemeinsam lassen sich sehr viel mehr Ideen finden als alleine und in kurzer Zeit.
Diese Tatsache können Sie nicht nur dazu nutzen, Ihre Kontakte zu aktivieren, sondern auch, um echte Ideen zu finden.

„Welche Bezeichnungen für lecker fallen Ihnen ein?", könnte etwa ein Lebensmittelhersteller oder Gastronom fragen und damit die Crowd aktivieren und sicher viele Kommentare auf diese Post erhalten. Gleichzeitig schwingt natürlich die unterschwellige Botschaft mit: Unser Essen ist lecker! ... ohne, dass man das als Werbebotschaft konkret sagen oder schreiben müsste.

Nachdem viele passende Begriffe gesammelt wurden, können Sie daraus eine Wordcloud machen und diese in Verbindung mit Ihrem Logo online verwenden.

150. Geocaching – Online/Offline-Schnitzeljagd

⏲⏲⏲ **€€€**

Mehr Aufwand verursacht eine Online/Offline-Schnitzeljagd namens Geocaching. „Geocaching, im deutschsprachigen Raum auch GPS-Schnitzeljagd genannt, ist eine Art Schatzsuche, die sich Ende des 20. Jahrhunderts auszubreiten begann. Die Verstecke werden anhand geographischer Koordinaten im Internet veröffentlicht und können anschließend mithilfe eines GPS-Empfängers gesucht werden.

Ein Geocache ist in der Regel ein wasserdichter Behälter, in dem sich ein Logbuch sowie häufig auch verschiedene kleine Tauschgegenstände befinden.

Der Besucher kann sich in ein Logbuch eintragen, um seine erfolgreiche Suche zu dokumentieren.

Anschließend wird der Geocache wieder an der Stelle versteckt, an der er zuvor gefunden wurde. Der Fund kann im Internet auf der zugehörigen

Seite vermerkt und gegebenenfalls durch Fotos ergänzt werden.

So können auch andere Personen – insbesondere der Verstecker oder Owner (englisch für „Eigentümer“) – die Geschehnisse rund um den Geocache verfolgen.

Wesentlich beim gesamten Such- und Tauschvorgang ist, dass von anderen anwesenden Personen das Vorhaben nicht erkannt wird und so der Geocache uneingeweihten Personen verborgen bleibt. Im Frühjahr 2019 soll es bereits rund drei Millionen Teilnehmer des abwechslungsreichen Spiels (genannt „Cacher“) gegeben haben.“ (Wikipedia)

Der Vorteil ist, dass Sie dieses Spiel in vielen Fällen sehr gut mit Ihren Produkten bzw. Ihrem Business verbinden können, indem Sie den Geocache z. B. mit Ihren Produkten füllen bzw. in Ihrem Design gestalten. Da gibt es sehr viele Möglichkeiten.

S.

Humor und Unterhaltung

Humor ist eines der Dinge, das online wie offline am allerbesten funktioniert, um Reichweite zu bekommen, Menschen zum Teilen, Liken oder Kommentieren zu aktivieren sowie zu unterhalten und positive Gefühle zu erzeugen. Viele der anderen Ideen in diesem Buch lassen sich mit Humor verknüpfen.

Mit Fingerspitzengefühl eingesetzt, ist das immer eine gute Idee. Doch lustig und unterhaltsam zu sein, ist nicht immer leicht und schon gar nicht in strukturierter Form bzw. auf Knopfdruck. Daher finden Sie nachfolgend einige Ideen und Strategien, wie Sie Humor für Ihren Content sinnvoll nutzen können.

In vielen Fällen stolpert man zufällig über humorvolle und lustige Sprüche, Bilder, Videos und Texte aller Art. Legen Sie sich dafür am besten ein paar Ordner an und machen Sie es sich zur Angewohnheit, diese Dinge zu sammeln. Auf diese Sammlung können Sie dann bei der Erstellung von Content zurückgreifen.

151. Witze

€

Der Klassiker schlechthin, wenn es um Humor geht, sind Witze in schriftlicher Form oder auch als Video. Wenn Witze gut sind, werden Sie sehr gerne geteilt. Um sie leichter teilbar zu machen, kann es eine gute Idee sein, aus dem Text ein Bild (Text mit Hintergrund) zu machen.

152. Humorvolle Sprüche

€

Auch humorvolle Sprüche werden gerne geteilt. Humorexperte Dr. Roman Szeliga, der promovierter Arzt ist, hat daraus eine inzwischen sehr lange Serie von humorvollen und gleichzeitig intelligenten Sprüchen gemacht, die er „als Arzt Ihres Vertrauens“ nahezu täglich über seine sozialen Kanäle postet und dafür regelmäßig viel Aufmerksamkeit erhält.

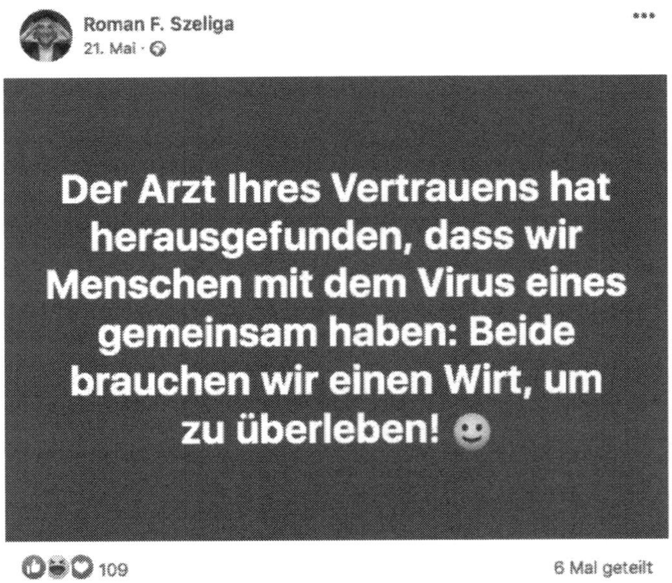

https://bit.ly/3acB4zf

153. Lustige Bilder

€

Natürlich sind lustige Bilder ein guter Reichweitenbringer. Gerade, wenn der Humor ein wenig versteckt und hintergründig ist, wie in dem Bild mit der Marktfrau, kann er extrem gut funktionieren. Das Bild, das ich selbst inszeniert, gemacht und anschließend in Kombination mit einem Blog (https://www.romankmenta.com/querdenken-mach-es-wie-amazon/) mit dem Titel „Do it like Amazon" gepostet habe, hat als Content extrem gut funktioniert:

Mehr als 2 Mio. Betrachter weltweit, mehr als 20.000 Shares und mehr als 100.000 Likes, Interviews und Berichte darüber in vielen Online- und Offline-Magazinen und sogar Teil einer Ausstellung im Technischen Museum Berlin.

Sollten Sie Bilder verwenden, sei auch an dieser Stelle nochmals auf die Beachtung der Bildrechte hingewiesen. Bei Verstößen könnte Sie die Content-Erstellung sonst deutlich teurer zu stehen kommen als geplant.

154. Reime und Gedichte

€

Alles, was sich reimt, hat den Vorteil, dass es besser gemerkt und erinnert wird. Auch Sie können Ihre Ideen, Produkte, Botschaften oder Themen in kurze Reime oder auch längere Gedichte verpacken.

Eine Aktion, die ich selbst anlässlich des Weltpoesietages umgesetzt habe, ist das Gedicht „Die Preisaktion". Der – recht lange – Text wurde dabei in einzelne Strophen unterteilt und von Experten aus verschiedensten Bereichen als kurzes Video aufgenommen und dann zu einem Gedichtvideo (mit Untertiteln) kombiniert. Das sehr gelungene Ergebnis sehen und hören Sie hier: https://bit.ly/2EP0hUu

Das Einbeziehen anderer, wie in diesem Beispiel, hat auch hier wieder den Vorteil, dass Sie so Ihre potenzielle Reichweite erhöhen.

Doch Sie müssen nicht selbst dichten oder dichten lassen. Wenn Sie einen Bezug zu Ihrem Business herstellen, können Sie auch auf Gedichte aller Art zurückgreifen, um daraus Content zu erstellen (unter Beachtung etwaiger Rechte der Autoren, versteht sich).

Warum nicht Auszüge aus Wilhelm Buschs „Max und Moritz“ dafür verwenden oder auch klassische Meisterwerke wie „Die Bürgschaft“ oder „Die Glocke“ nutzen. Dann wüssten Sie auch endlich, warum Sie in der Schule gequält wurden, diese auswendig zu lernen.

155. Cartoons

€€

Cartoons können sehr beliebter Content sein. Es gibt eine Vielzahl davon, unter denen Sie auch für Ihr Business fündig werden (Achtung Bildrechte!). Die Simpsons, die Peanuts oder Garfield sind Klassiker, die – abstimmt auf Ihre Situation – humorvollen Content ergeben können.

Cartoons selber zu zeichnen (bzw. zeichnen zu lassen) ist auch eine Möglichkeit, wenngleich natürlich aufwändiger.

156. Umgetextete Musik

€

Lieder sind zu allermeist zwar unterhaltsam, aber nicht lustig. Eine Strategie, wie Sie Musikstücke humorvoll gestalten können, ist es, den Text umzuschreiben. So wurden anlässlich der Coronakrise eine Menge Songs mit zu Corona passenden Texten versehen und aufgenommen. Viele davon sind auch wirklich gelungen und zum Teil sehr lustig.

Ein gutes Beispiel dafür, das es auf mehr als 5 Millionen Aufrufe auf YouTube innerhalb von acht Wochen gebracht hat, finden Sie hier: https://www.youtube.com/watch?v=8KPbJ0-DxTc.
Gerade in schwierigen Zeiten wird eine gelungene, humorvolle Auseinandersetzung mit den Problemen oft durch hohe Reichweiten und viel Interaktion belohnt.

157. Fun Facts

€

Die in einem vorigen Kapitel erwähnten Fun Facts sind auch eine Art Humor, mit der Sie gut arbeiten können, um beliebten Online-Content zu schaffen.

Ein paar Beispiele, wie Sie teilweise vollkommen unsinnige und schräge Fakten für Ihr Content-Marketing nutzen können:

- „Den Kopf eine Stunde lang gegen die Wand zu schlagen, verbrennt 150 Kalorien.“ - könnte ein Fitnessstudio nutzen, um dann bessere Alternativen zur Kalorienverbrennung vorzuschlagen. Daraus ließe sich im Übrigen auch eine sehr nette Serie mit vollkommen unsinnigen Tätigkeiten machen, bei denen man jeweils angibt, wie viele Kalorien damit verbrannt werden.
- „In der Schweiz ist es illegal, nur ein Meerschweinchen zu halten.“ Ein netter Fun Fact für eine Zoofachhandlung.
- „7 % der Amerikaner glauben, dass Schokoladenmilch von braunen Kühen kommt.“ Das wäre einen netten Post eines landwirtschaftlichen Betriebes, einer Molkerei oder eines Lebensmittelherstellers wert.

158. Top-X-Listen

⏲⏲€

Top-X-Listen hatten wir in einem anderen Zusammenhang bereits erwähnt. Doch auch, wenn es lustig und unterhaltsam sein soll, können Sie z. B. Top 10 Listen einsetzen, indem Sie ausgefallene und lustige Spitzenkandidaten sammeln und auflisten:

- „Die 10 am strengsten riechenden Nahrungsmittel“ ... könnte ein Hersteller von Raumspray posten.
- „Die 10 langsamsten Beamten“ ... als Content für einen Produktivitätscoach.
- „Die 10 hässlichsten Hunde“ ... ergäbe eine nette Serie für einen Hundefriseur oder ein Zoofachgeschäft.
- „Die 10 schwersten Rechtschreibfehler aus Printmedien“ ... wäre etwas, das ein Nachhilfeinstitut sehr gut nutzen könnte.
- „Die 10 schnellsten Orgasmen (z. B. bezogen auf Völker, Kulturen und Nationalitäten)“ ... wäre ein potenziell vielgelesener Post für einen Hersteller von Sexspielzeug.

Welche schrägen Top-X-Listen können Sie für Ihre Branche bzw. Ihr Produkt kreieren?

159. Kinder

⏲⏲€

Beim Einsatz von Kindern in Ihrem Online-Content müssen Sie natürlich ganz besonders vorsichtig und zurückhaltend sein. Doch das bedeutet nicht, dass es nicht geht. Geschickt gemacht, können Sie großartige, unterhaltsame und oft sehr lustige Inhalte mit Kindern produzieren.

- Kinder könnten z. B. vor laufender Kamera Begriffe aus Ihrer Branche definieren.
- Oder aber Sie lassen Kinder diese Begriffe zeichnen.
- Eine andere Idee kann es sein, ein und dieselbe Zeichenaufgabe mehreren Kindern zu geben und aus den Ergebnissen eine nette Serie von Bildposts zu machen.
- Kinder in lustigen Verkleidungen zu fotografieren oder zu filmen, bringt Ihnen potenziell zwar viele Likes, garantiert Ihnen aber auch den ewigen Hass der Kinder, wenn sie einmal erwachsen sind und die peinlichen und blamablen Fotos sehen. Solange es nicht Ihre eigenen Kinder sind, kann Sie das im Prinzip auch kalt lassen. Dennoch kann es natürlich eine Strategie sein, z. B. für eine Leiharbeitsfirma, die Jobs im technisch-handwerklichen Bereich vermittelt und die Kinder für die Fotos in die entsprechende Berufskleidung steckt.

- Lassen Sie Kinder Ihr Produkt aus Lego nachbauen bzw. Varianten davon.
  Diese Idee hat der Optiker Thoma erfolgreich eingesetzt und das auch noch mit einem Wettbewerb verbunden, was sich übrigens auch mit den anderen Ideen, die Kinder betreffen, sehr gut machen lässt.

Wenn Sie mit Kindern arbeiten und z. B. Wettbewerbe ausschreiben, dann haben Sie natürlich auch die Eltern auf Ihrer Seite. So manch ambitionierter Vater will natürlich, dass sein Sohn bzw. seine Tochter den Wettbewerb gewinnt und unterstützt das auf seinen Kanälen nach besten Kräften.

https://bit.ly/33y8abe

160. Tiere

⏲⏲ €

Tierfotos als Reichweitenbringer wurden bereits in Kapitel 12 erwähnt. Weil gerade im Bereich Humor Tiere sehr gut einsetzbar sind und auch eingesetzt werden (z. B. Tiere in Verkleidungen), sei an dieser Stelle nochmals darauf hingewiesen.

161. Spiele

⏲⏲⏲ €€€

Nicht unbedingt lustig, aber durchaus unterhaltsam, können Spiele sein. Gamification – die Anwendung von Elementen und Vorgehensweisen, die für Spiele typisch sind, in Situationen und Bereichen, die mit Spielen an sich nichts zu tun haben – ist etwas, das in den letzten Jahren starke Verbreitung gefunden hat. So haben – um ein Beispiel zu nennen – auch in früher sehr konservativen und sachlichen Managementtrainings Spiele Einzug gehalten.

Wenn Sie Spiele als Content für Ihre Online-Kanäle nutzen wollen, ist in vielen Fällen damit allerdings größerer Aufwand verbunden. Gleichzeitig kann ein gelungenes Spiel in Form einer App z. B. sehr viele Menschen aktivieren.

Ein Weg kann es auch sein, einfache Spiele, die offline sehr bekannt und verbreitet sind, in die Online-Welt zu übertragen oder stark vereinfachte Formen von bekannten Spielen zu erschaffen, die sich online gut darstellen lassen.

162. Unboxing-Videos oder -Fotos

⏲ €

Ebenso nicht zwingend zum Brüllen komisch, aber dennoch unterhaltsam und gerne gesehen, sind Unboxing-Videos oder -Fotos. Filmen oder fotografieren Sie den Erhalt und/oder das Auspacken einer Postsendung. Autoren machen das z. B. sehr gerne, wenn Sie die Lieferung Ihrer neuesten Bücher erhalten.

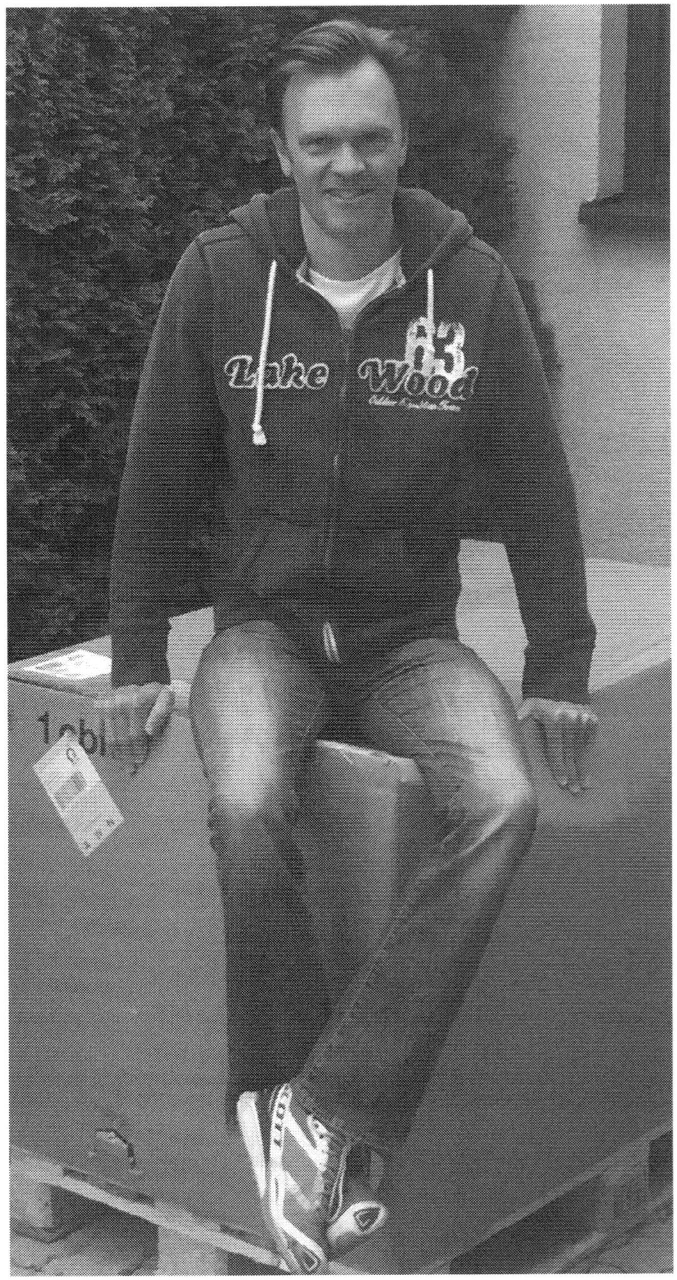

Ihr Bonustipp

Ich hoffe, ich habe Ihnen nicht zu viel versprochen, als ich zu Beginn des Buches sehr viele gut einsetzbare Ideen angekündigt habe. Im besten Fall haben Sie den Kopf bzw. Ihren Notizblock voller toller Ideen für spannende Inhalte, die hervorragend zu Ihrem Business passen. Möglicherweise haben Sie auch mehr davon, als Sie überhaupt verarbeiten können. Das wäre dann ein sogenanntes Luxusproblem.

Doch eine Idee bzw. Strategie habe ich mir als letzte aufgehoben. Wir leben, wie eingangs erwähnt, in einer medial sehr lauten und dichten Zeit. Und ja, man muss sehr viel mehr tun als noch vor ein paar Jahren, um wahrgenommen zu werden. Man muss sehr viel kreativer sein, um aufzufallen. Und doch muss es ab und an auch einmal ok sein, nichts zu posten und sich ganz bewusst eine Auszeit zu gönnen. Eine Stunde, einen Tag, eine Woche – je nachdem, wie dicht Ihr Redaktionsplan getaktet ist.

Doch auch das kann man – wenn man das möchte – inszenieren, diese Absenz bzw. Auszeit online ankündigen, so auch daraus wieder ein Content-Häppchen machen und danach eine Story erzählen – ganz nach dem Motto:
„Was alles geschah, als ich nicht online war“.

Oder aber Sie gönnen sich den Luxus – der immer mehr zu DEM Luxus schlechthin wird – auch einmal ganz offline zu sein. Einfach so.

Viel Erfolg beim Posten und möge die Reichweite mit Ihnen sein!

Ihr

Über den Autor

Marketing- und Preisexperte Roman Kmenta ist seit mehr als 30 Jahren als Unternehmer, Keynote Speaker und Bestsellerautor international tätig. Der Betriebswirt und Serienunternehmer stellt seine langjährige, internationale Marketing- und Verkaufserfahrung im B2B- wie B2C-Bereich heute über 100 Top-Unternehmen sowie vielen Kleinunternehmen und Einzelunternehmern in Deutschland, der Schweiz und Österreich zur Verfügung.

Foto: Matern, Wien

Mehr als 25.000 Menschen lesen wöchentlich seinen Blog bzw. hören seinen Podcast. Mit seinen Vorträgen gibt er Verkäufern, Führungskräften und Unternehmern Denkanstöße zum Thema „profitables Wachstum" und setzt bei seinen Zuhörern und Lesern Impulse in Richtung eines wertorientierten Verkaufs- und Marketingansatzes.

www.romankmenta.com

Hier bestellen >> https://amzn.to/2xp8DeP

Als Amazon-Partner verdiene ich an qualifizierten Verkäufen.

„In diesem Buch findet man nicht nur die allgemeingültigen Erklärungen über den USP, sondern in weiterer Folge auch zahlreiche Beispiele aus der Praxis, die man für seinen jeweiligen Geschäftsfall sofort adaptieren kann. Das Buch richtet sich nicht nur an pure USP-Rookies, sondern auch an jene, die schon begonnen haben, darüber nachzudenken, und weitere Impulse suchen. Obwohl ich mich nicht erst seit gestern mit USP beschäftige, habe ich wertvolle Anregungen erhalten. Sehr empfehlenswert."

Leopold Pokorny, ECDL-Projektleiter

www.elege.online / www.mentor.at

„Positionierung und USP sind oft die Achillesferse von Selbstständigen und Verkäufern. Roman Kmenta gibt sehr praxisnahe Schritt-für-Schritt-Anleitungen zur Umsetzung. Er verschweigt nicht, dass Positionierung und USP oft kreative Prozesse sind, die auch mal etwas dauern können. Zur Hilfe gibt er mehr als 500 USPs aus der Praxis, um diesen Prozess für jedermann kreativ, sicher und einfach zu machen!"

Mario Büsdorf, Business Profiler

www.mario-buesdorf.de

Hier bestellen >> https://amzn.to/2VVfbLJ

Als Amazon-Partner verdiene ich an qualifizierten Verkäufen.

„Das schlechte Gefühl, wenn der Kunde den Preis hinterfragt und sagt: ‚Zu teuer', kenn ich zu gut. Erstmals dann: sprachlos. Gut, wenn man da eine Handlungsanleitung oder besser noch jede Menge fix und fertige Sätze hat. Wie immer bei Roman Kmenta 100 % praxisrelevant und sofort anwendbar. Ich hab's probiert – es macht einfach ein gutes Gefühl im Gespräch, die Antworten im Kopf zu haben. Sprachlos war gestern!"

Maria Husch, Die Raumexpertin

www.mariahusch.com

„Wirklich Klasse! – Roman Kmenta ist ein wahrer Experte für alles rund um den Preis! Wer sich unsicher ist beim Preise Festsetzen und welchen Preis bin ich wert, dem hilft sein E-Book ganz bestimmt!"

René Klampfer, Geschäftsführer Skillswerk

www.skillswerk.at

Hier bestellen >> https://amzn.to/2I6gRjW

Als Amazon-Partner verdiene ich an qualifizierten Verkäufen.

„Endlich sagt mir mal jemand aus seinem berufenen Munde – populärwissenschaftlich fundiert und gut zu lesen und zu verdauen –, was beim Thema ‚seinen Preis wert sein' wirklich Sache ist. Ansprechendes Cover, flott geschrieben, inhaltsstark. So darf's ja sein. Lesen!"

Jon Christoph Berndt

Geschäftsführer Brandamazing Managementberatung

www.brandamazing.com

„Roman Kmenta versteht es in seinem Buch ‚Nicht um jeden Preis', den Leser mitzunehmen. Er schreibt flüssig und unterhaltsam, ohne in endlose Fachtermini zu verfallen. Das Buch ist für jeden Unternehmer, Vertriebler oder Freiberufler, der seine Gewinne steigern möchte, ein absolutes Muss."

Marc Heemskerk, Sales Expert

Printed in Poland
by Amazon Fulfillment
Poland Sp. z o.o., Wrocław

65573907R00096